兽用抗菌药
安全使用科普知识问答 图 册

徐晶晶 编著

中国农业科学技术出版社

图书在版编目（CIP）数据

兽用抗菌药安全使用科普知识问答图册 / 徐晶晶编著 . -- 北京：中国农业科学技术出版社，2025.1.
ISBN 978-7-5116-7283-4

Ⅰ . S859.79-64

中国国家版本馆 CIP 数据核字第 2025U0S859 号

责任编辑　崔改泵
责任校对　李向荣
责任印制　姜义伟　王思文

出 版 者	中国农业科学技术出版社 北京市中关村南大街 12 号　邮编：100081
电　　话	（010）82109194（编辑室）（010）82106624（发行部） （010）82109709（读者服务部）
网　　址	https://castp.caas.cn
经 销 者	各地新华书店
印 刷 者	北京地大彩印有限公司
开　　本	148 mm×210 mm　1/32
印　　张	3.75
字　　数	98 千字
版　　次	2025 年 1 月第 1 版　2025 年 1 月第 1 次印刷
定　　价	35.00 元

◢◣◢◣◢◣　版权所有·侵权必究　◢◣◢◣◢◣

前 言

科学、合理地使用兽用抗菌药可以保护畜禽及人类的健康，保障动物产品安全，提高养殖效益，促进畜牧业绿色发展。然而，由于抗菌药在畜禽养殖中的广泛使用，动物源性细菌耐药性问题日益严重，兽药残留也对食品安全和公共卫生构成了威胁。

为了积极推进兽用抗菌药使用减量化行动工作，推广普及安全、规范、科学使用兽药知识和技术，提高广大畜牧兽医从业人员的认知度和知晓率，笔者编写了这本《兽用抗菌药安全使用科普知识问答图册》，内容涵盖了兽用抗菌药基础知识、常见兽用抗菌药、抗菌药替代品、兽药残留与耐药性控制、兽用抗菌药使用减量化行动、禁止在畜禽养殖中使用的抗菌药等内容。期望本书能够为保障畜产品质量安全、保护人民群众健康起到积极作用。

由于笔者水平和能力所限，本书还可能存在不妥之处，敬请读者批评指正。

编著者
2024 年 10 月

资助项目

十二师重点领域科技攻关项目《师域内奶牛规模化养殖主要细菌病病原监测及噬菌体防治技术研究》（SRS2022013）

目 录

一　兽用抗菌药基础知识

（一）什么是兽用抗菌药？　/2
（二）兽用抗菌药的常用剂型有哪些？　/2
（三）兽用抗菌药的常用给药途径有哪些？　/3
（四）什么是广谱抗菌药和窄谱抗菌药？　/4
（五）畜禽养殖过程中为什么会用到兽用抗菌药？　/5
（六）抗菌药是如何对细菌发挥作用的？　/6
（七）为什么有时候需要同时使用多种抗菌药？　/7
（八）什么是兽用抗菌药之间的颉颃作用？　/8
（九）什么是兽用抗菌药之间的协同作用？　/9
（十）什么是杀菌药和抑菌药？　/10
（十一）兽药说明书主要内容有哪些？　/11
（十二）什么是兽药保存条件？　/12
（十三）什么是兽药有效期？　/14
（十四）什么是兽药 GMP 和兽药 GSP？　/14
（十五）什么是休药期？　/15
（十六）正确使用兽用抗菌药的原则是什么？　/16
（十七）如何选用兽用抗菌药？　/17
（十八）安全使用兽用抗菌药注意事项有哪些？　/18
（十九）常用抗菌药物配伍禁忌有哪些？　/20

（二十）如何购买抗菌药物？ /21
（二十一）什么是兽用处方药和兽用非处方药？实行处方药管理制度的意义是什么？ /22
（二十二）购买兽药有哪些注意事项？ /23
（二十三）什么是抗生素生长促进剂？我国停止使用促生长作用抗菌药有哪些要求？ /24

二 常见兽用抗菌药

（一）常见兽用抗菌药的种类有哪些？ /26
（二）常用抗菌药物的作用有哪些？ /28
（三）常用抗生素药物休药期是多少？ /31

三 抗菌药物替代品

（一）抗菌药物有没有替代品？ /34
（二）疫苗的作用是什么？ /35
（三）益生菌的作用是什么？ /35
（四）植物提取物的作用是什么？ /36
（五）微生态制剂 /37
（六）噬菌体的作用是什么？ /38
（七）细胞因子 /39

四 兽药残留与动物源细菌耐药性控制

（一）动物性食品主要安全隐患包括哪些？ /42
（二）什么是兽药残留？ /42
（三）兽药残留产生原因与危害有哪些？ /43
（四）兽药残留的来源有哪些？ /44
（五）环境中为什么能检测到抗菌药？ /44

目　录

（六）哪些环境中能检测到抗菌药？　/ 45

（七）环境水体中残留抗生素的来源有哪些？　/ 46

（八）环境中的抗菌药成分能不能自然降解？　/ 47

（九）环境中的抗菌药成分是否会导致耐药菌产生？是否会影响到人的健康？　/ 48

（十）如何减少兽用抗菌药进入环境？　/ 49

（十一）中兽药存在残留问题吗？　/ 50

（十二）兽药残留的主要原因是什么？　/ 50

（十三）兽药在动物中的残留和消除过程是怎样的？　/ 52

（十四）我国的兽药残留限量标准情况如何？　/ 53

（十五）国际上兽药残留标准的情况如何？　/ 53

（十六）为何我国兽药使用量较大？　/ 54

（十七）兽药残留的危害有哪些？　/ 55

（十八）兽药残留的检测手段有哪些？　/ 56

（十九）监测动物源细菌耐药性有何意义？　/ 57

（二十）对兽药残留如何控制与避免？　/ 58

（二十一）如何规范兽药使用？　/ 59

（二十二）避免兽药残留应做到哪些方面？　/ 61

（二十三）我国兽药残留控制涉及哪些环节？　/ 62

（二十四）什么是耐药菌？　/ 63

（二十五）什么是耐药性？　/ 65

（二十六）什么是多耐药、泛耐药和全耐药？　/ 66

（二十七）什么是耐药率和耐药谱？　/ 67

（二十八）什么是交叉耐药和共同耐药？　/ 67

（二十九）什么是耐药基因？耐药基因是如何增殖和传播的？　/ 68

（三十）耐药基因有无危害？　/ 69

（三十一）什么是天然耐药性和获得耐药性？　/ 70

（三十二）什么是药敏试验？　/ 71

（三十三）什么是细菌敏感性，如何理解细菌敏感性下降？　/ 72

（三十四）耐药菌的危害表现在哪些方面？　/ 72

（三十五）动物源细菌耐药性产生的主要原因是什么？　/ 73

（三十六）如何检测细菌耐药性？　/ 74

（三十七）如何减少细菌耐药性的发生？　/ 75

（三十八）长期使用和滥用兽用抗菌药存在哪些危害？　/ 76

（三十九）畜禽养殖企业应当采取哪些措施减少对环境的影响？　/ 78

（四十）国家控制兽药残留和动物源细菌耐药性采取的措施有哪些？　/ 79

五　兽用抗菌药使用减量化行动

（一）兽用抗菌药使用减量化行动实施背景是什么？　/ 84

（二）现阶段兽用抗菌药使用减量化行动目标是什么？　/ 85

（三）实施"减抗"基本思路是什么？　/ 86

（四）养殖减抗应有哪些重要内容？　/ 87

（五）如何实现养殖减抗，具体从哪几方面减？　/ 87

（六）为什么要开展养殖减抗行动？　/ 88

（七）减抗评价标准的基本精神是什么？　/ 89

（八）如何正确认识无抗养殖？　/ 89

（九）饲料禁抗有哪些重点内容？　/ 90

（十）衡量养殖减抗效果最直接的指标是什么？　/91

　　（十一）如何评价养殖减抗的效果？　/92

　　（十二）兽用抗菌药使用减量化指导原则有哪些？　/93

六　禁止在畜禽养殖中使用的抗菌药

　　（一）我国全面禁止使用的抗菌药有哪些？　/98

　　（二）禁止使用的促生长抗菌药有哪些？　/99

　　（三）禁用的抗菌药有什么害处？　/99

附　录

　　全国兽用抗菌药使用减量化行动方案（2021—2025年）　/102

一

兽用抗菌药基础知识

（一）什么是兽用抗菌药？

抗菌药是指能抑制或杀灭细菌、支原体、衣原体、真菌等病原微生物、可用于预防和治疗细菌性感染的一类药物，包括抗生素和人工合成抗菌药。在兽医临床上，用于预防、治疗动物细菌性感染的抗菌药，称为"兽用抗菌药"。

（二）兽用抗菌药的常用剂型有哪些？

片剂、注射剂、胶囊剂、粉剂、预混剂、颗粒剂、可溶性粉剂、内服溶液剂、乳房注入剂、子宫注入剂、软膏剂等。

一、兽用抗菌药基础知识

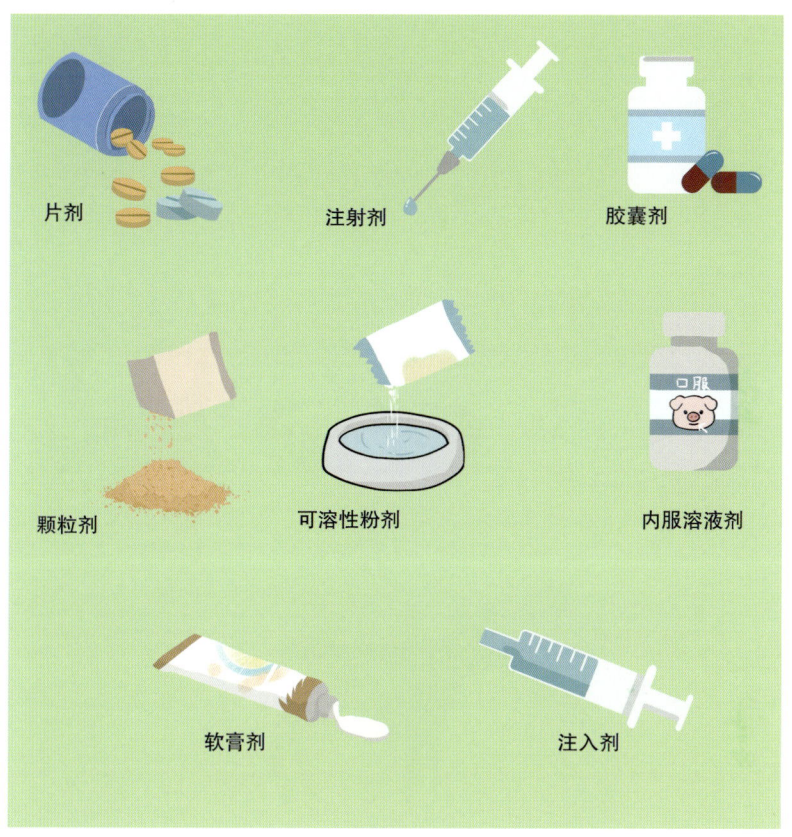

（三）兽用抗菌药的常用给药途径有哪些？

注射给药：静脉注射、肌内注射、皮下注射、腹腔注射和皮内注射等。

经口给药：饮水给药、混饲给药、内服给药等。

局部给药：乳房注入、子宫灌注等。

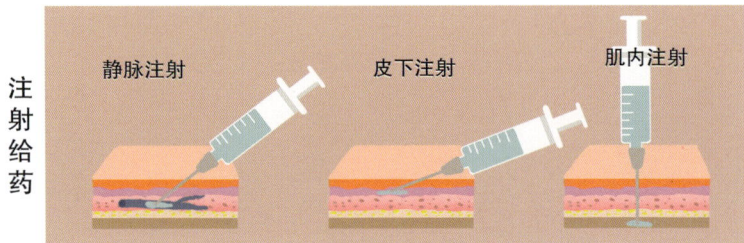

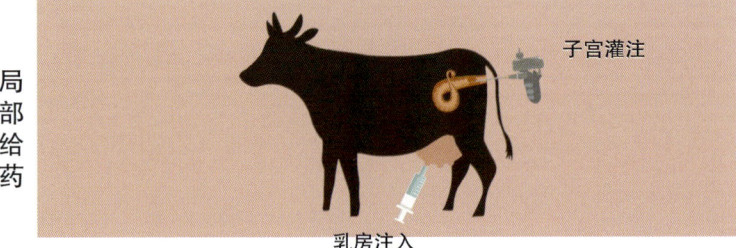

（四）什么是广谱抗菌药和窄谱抗菌药？

抗菌药抑制或杀灭病原微生物的范围称为抗菌谱。

广谱抗菌药：能抑制或杀灭多种不同种类的细菌，抗菌作用范围广泛的药物称为广谱抗菌药，如氟苯尼考、多西环素、恩诺沙星，它们不仅对革兰氏阳性菌和革兰氏阴性菌有抗菌作用,对支原体、衣原体、立克次体等也有抑制作用。近年使用较多的阿莫西林、头孢噻呋等也属广谱抗菌药物。

窄谱抗菌药:抗菌范围小,仅作用于单一菌种或单一菌属,称窄谱抗菌药,如青霉素、红霉素只对革兰氏阳性菌有效,链霉素、新霉素只对革兰氏阴性菌有效。

广谱抗菌药

窄谱抗菌药

(五)畜禽养殖过程中为什么会用到兽用抗菌药?

养殖动物使用兽用抗菌药的最终目的是保护人类的健康。

当养殖动物抵抗力下降时,致病微生物就会使它们生病。若不及时治疗,疾病容易在养殖畜禽中扩散,严重影响动物健康,导致畜禽产品质量下降并降低产量。及时、合理地使用兽用抗菌药,既可以保障消费者健康,也可以保障畜禽产品质量,还可以避免经济损失。兽用抗菌药在防治畜禽疾病方面发挥了重要作用,它是当今全球畜禽养殖业大规模、集约化发展的基石之一。

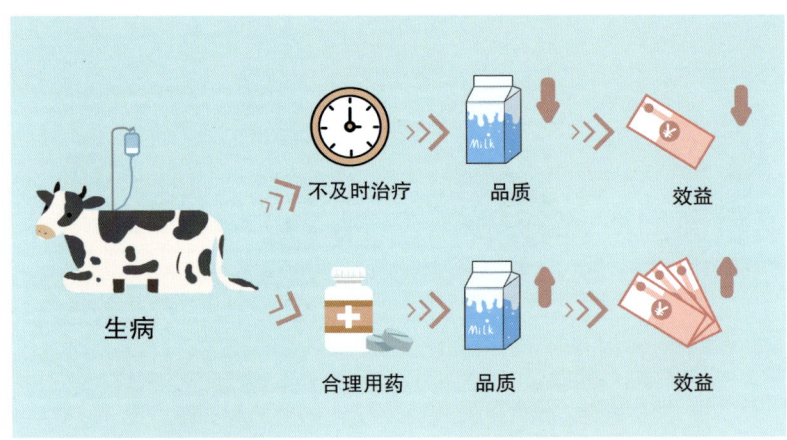

(六)抗菌药是如何对细菌发挥作用的?

抗菌药一般通过以下几种方式达到抑制和杀灭细菌的目的:

1. 抑制细菌细胞壁的合成:如青霉素、阿莫西林、头孢噻呋等。

2. 改变细菌细胞膜通透性:如杆菌肽等。

3. 影响细菌蛋白质合成:如四环素、庆大霉素、泰乐菌素、氟苯尼考、林可霉素等。

4. 抑制细菌 DNA 合成:如恩诺沙星等。

5. 影响细菌叶酸代谢:如磺胺嘧啶、甲氧苄啶等。

一、兽用抗菌药基础知识

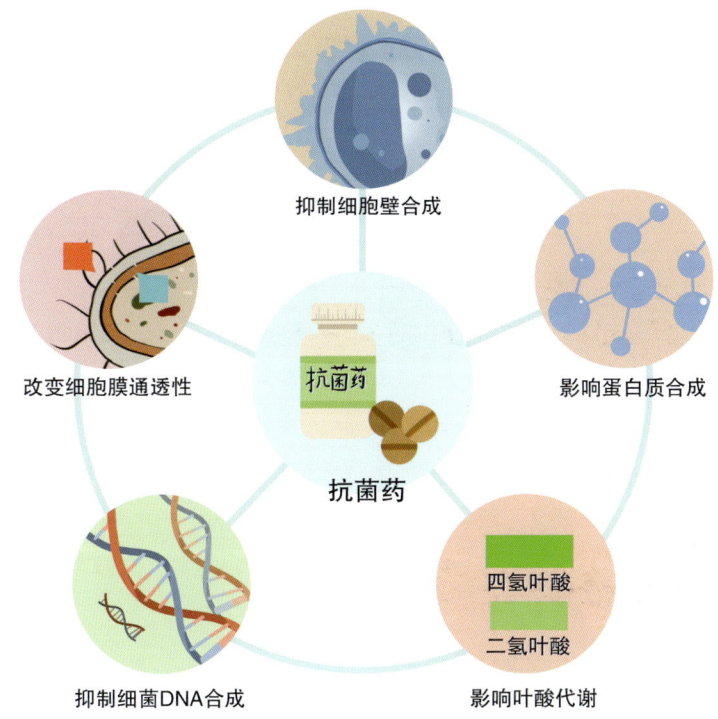

（七）为什么有时候需要同时使用多种抗菌药？

当动物感染了多种致病微生物时，一种抗菌药无法起效，不得不使用多种药物。同时，两种抗菌药的使用是相辅相成的，那么就能用更少的药量实现更好的抗菌效果，也能降低或避免毒副作用。最典型的例子是青霉素和链霉素联用，青霉素使细菌细胞壁合成受阻，使合用的链霉素易于进入细胞发挥作用，扩大了抗菌谱。多种抗菌药的"联合打击"可以减少"漏网之鱼",避免或延缓细菌耐药性的产生。当然,多数情况下只需用一种抗菌药,联合用药仅适用于少数情况,且一般二联即可,三联、四联并不必要。

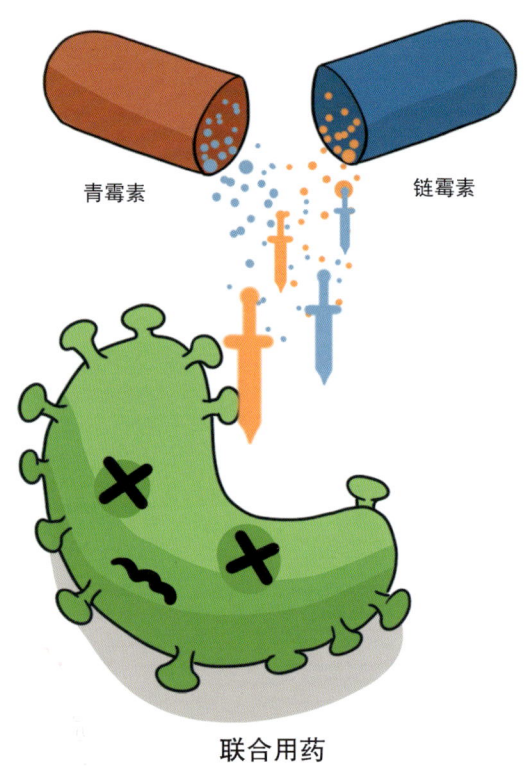

联合用药

(八)什么是兽用抗菌药之间的颉颃作用?

两种或两种以上兽用抗菌药产生的药效学相互作用小于它们分别作用的和,称为颉颃作用。一般来说,繁殖期杀菌药

一、兽用抗菌药基础知识

(如青霉素类、头孢菌素类)与速效抑菌剂(如四环素类、酰胺醇类、林可胺类、大环内酯类)合用,可产生颉颃作用。临床使用时应避免同时使用这两类抗菌药。

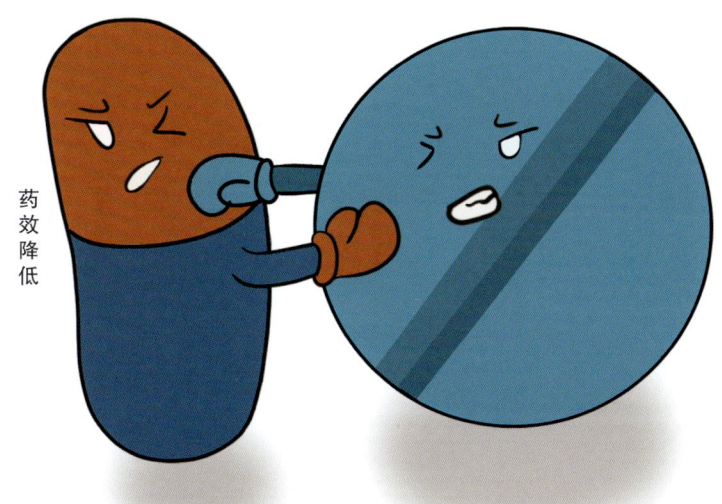

药效降低

颉颃作用

(九)什么是兽用抗菌药之间的协同作用?

同时使用两种兽用抗菌药,由于药物效应或作用机制不同,可使总效应发生变化,称为药效学的相互作用。两种合用的效应大于单药效应的代数和,称为协同作用。一般来说,繁殖期杀菌药(如青霉素类、头孢菌素类)与静止期杀菌药(如氨基糖苷类、黏菌素类、氟喹诺酮类)药物合用,可产生协同作用。

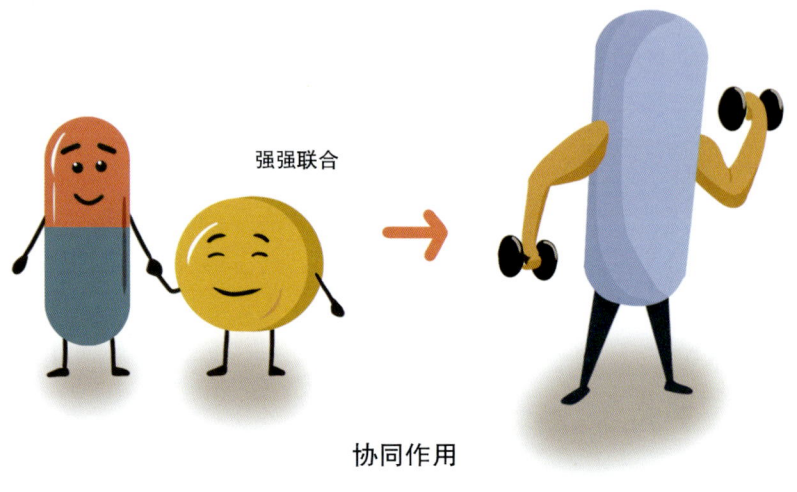

强强联合

协同作用

（十）什么是杀菌药和抑菌药？

抗菌药一般按常用量在血液和组织中的药物浓度所具备的杀菌或抑菌性能，分为杀菌药和抑菌药两类。杀菌药是指具有杀灭病原菌作用的药物，如青霉素类、氨基糖苷类、氟喹诺酮类等，其最小杀菌浓度（MBC）约等于其最小抑菌浓度（MIC）；抑菌药是指仅能抑制病原菌的生长繁殖，而无杀灭作用的药物，其 MBC 远大于其 MIC，包括四环素类、大环内酯类、磺胺类等。抗菌药的抑菌作用和杀菌作用是相对的，有些抗菌药在低浓度时呈抑菌作用，而高浓度时则呈杀菌作用。

一、兽用抗菌药基础知识

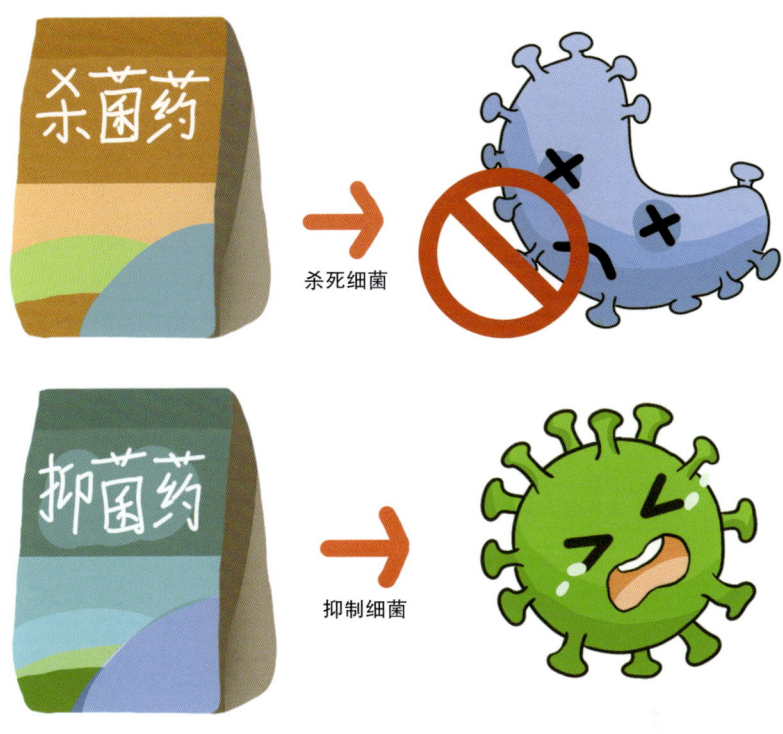

杀死细菌

抑制细菌

抗菌药物

（十一）兽药说明书主要内容有哪些？

根据《兽药管理条例》规定，兽药的标签或者说明书，应当以中文注明兽药的通用名称、成分及其含量、规格、生产企业、产品批准文号（进口兽药注册证号）、产品批号、生产日期、有效期、适应证或者功能主治、用法、用量、休药期、禁忌、不良反应、注意事项、运输储存保管条件及其他应当说明的内容。有商品名称的，还应当注明商品名称。

兽药说明书

【名称】
通用名：
商用名：

【主要成分】

【适应证】

【用法用量】

【规格】
【生产企业】
【批准文号】
【产品批号】
【生产日期】
【有效期】

【休药期】

【不良反应】

【注意事项】

【禁忌】
【运输储存条件】

━━━━有限公司

（十二）什么是兽药保存条件？

兽药保存条件是指对兽药贮存与保管的基本要求，即防止兽药变质的主要因素，包括空气、温度、湿度、光照、霉菌、

一、兽用抗菌药基础知识

储存时间等。常用的保存条件术语如下：

1. 避光。是指用不透光的容器包装，如棕色容器或黑色包装材料包裹的无色透明、半透明容器。

2. 密闭。是指将容器密闭，以防止尘土及异物进入。

3. 密封。是指将容器密封，以防止风化、吸潮、挥发或异物进入。

4. 熔封或严封。是指将容器熔封或用适宜的材料严封，以防止空气与水分的侵入并防止污染。

5. 阴凉处。是指不超过20℃。

6. 凉暗处。是指避光并不超过20℃。

7. 干燥处。是指相对湿度在75%以下的通风、干燥处。

8. 冷处。是指2～10℃。

9. 常温。是指10～30℃。

除另有规定外，（贮藏项）未规定贮存温度的一般系指常温。

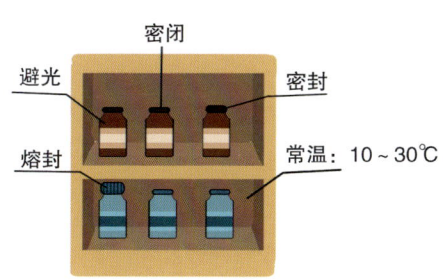
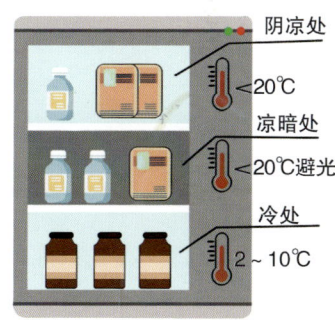

（十三）什么是兽药有效期？

兽药有效期是指在规定的贮藏条件下能够保证质量的期限。它是控制药品质量的指标之一。因为兽药产品在储藏过程中会发生物理、化学变化，造成药效降低、毒性增高，过期兽药存在一定的安全隐患。用户在采购和使用兽药产品时，应当查验兽药标签中的有效期限，超过有效期限的不能使用。

兽药有效期按年月顺序标注。年份用四位数表示，月份用两位数表示，如"有效期至2025年12月"或"有效期至2025.12"。

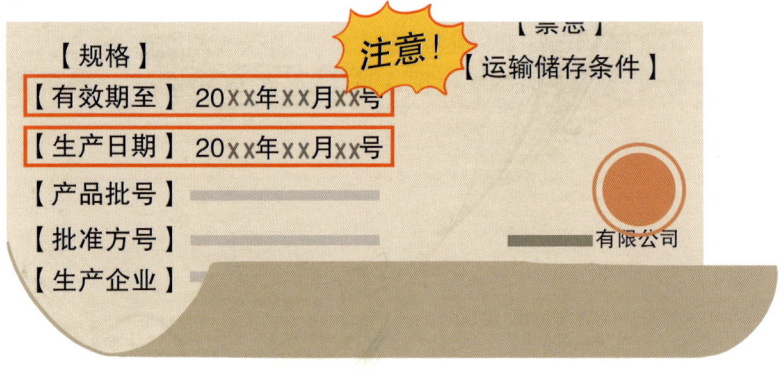

（十四）什么是兽药GMP和兽药GSP？

兽药GMP是《兽药生产质量管理规范》的简称。由省级兽医行政管理部门，组织对兽药生产企业是否符合GMP要求进行监督检查，并公布检查结果。兽药GSP是《兽药经营质量管理规范》的简称。由县级以上人民政府兽医行政管理部门组织对兽药经营企业是否符合GSP的要求进行监督检查，并公布检查结果。

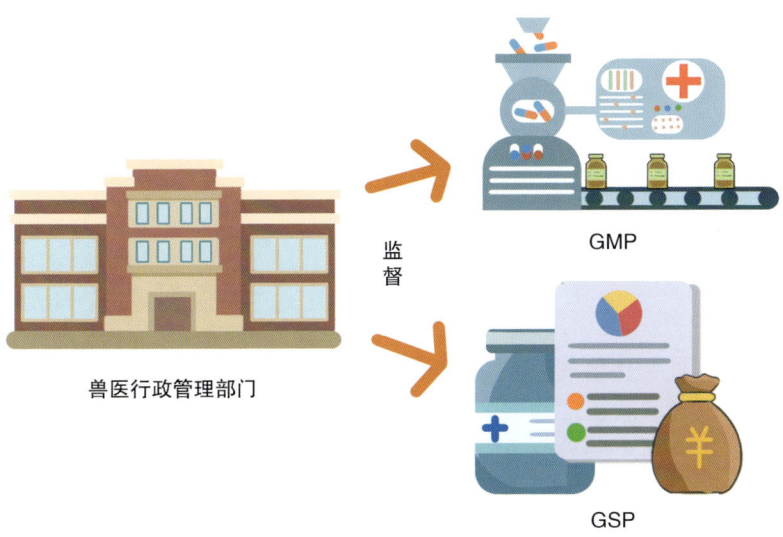

（十五）什么是休药期？

休药期（Withdrawal Time，WDT）是指从动物停止用药到允许上市销售的间隔时间。在这段时间里，动物体内的药物残留被逐步代谢和排出体外，其残留水平下降到限量值以下，肉、蛋、奶等动物性食品的安全性得以保障。不同药物在动物体内代谢的规律不同，因此不同药物的休药期也可能不同。

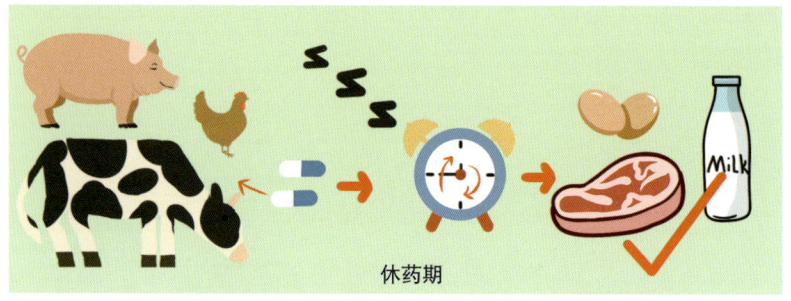

（十六）正确使用兽用抗菌药的原则是什么？

1. 对动物的发病原因及发病过程必须有足够的认识，才能作出正确诊断，才能有的放矢地用好药。

2. 有条件时进行药敏试验，根据病情选用药效可靠、安全、方便、价廉易得的药物制剂，做到不乱用或滥用药物。

3. 根据药物的作用和对动物的药动学特点，制订给药方案与剂量。

4. 对治疗过程作出详细的用药计划，观察将会出现的药效和毒副作用，随时调整用药方案。

5. 除有确实的协同作用的联合用药外，尽量避免使用多种药物或固定剂量的联合用药，应根据动物病情需要去调整药物与剂量。

6. 用药先治标，后治本，达到标本兼治。

一、兽用抗菌药基础知识

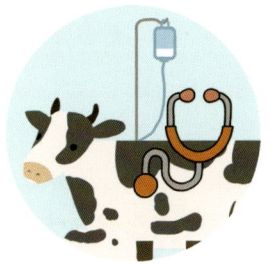

诊断发病原因

进行药敏试验

制订给药方案

作出用药计划

根据病情及时调整

标本兼治

（十七）如何选用兽用抗菌药？

兽用抗菌药根据其来源和作用对象可分为抗生素、磺胺类及其增效剂、喹诺酮类、抗真菌药和其他类抗菌药。

选用抗生素类药物首先要诊断动物是革兰氏阳性菌还是阴性菌感染，必要时请兽医诊断或进行感染菌分离。

抗革兰氏阳性菌抗生素有青霉素、氨苄西林、阿莫西林、头孢菌素、红霉素、林可霉素、吉他霉素等。

抗革兰氏阴性菌抗生素有链霉素、庆大霉素、卡那霉素、新霉素、大观霉素、多黏菌素等。

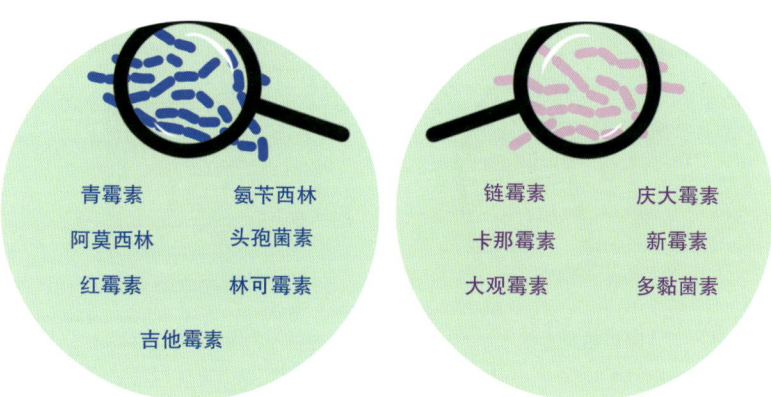

抗革兰氏阳性菌抗生素　　　　抗革兰氏阴性菌抗生素

（十八）安全使用兽用抗菌药注意事项有哪些？

1. 严格掌握适应证，掌握致病微生物的种类及其对药物的敏感性，有条件时应做药敏试验。

2. 注意用量及疗程，一般首次用药剂量以规定剂量的上限为宜；急性传染病和严重感染时剂量也以上限为宜。给药途径也应适当选择，严重感染时多采用注射给药，一般感染时口服给药为宜。

一、兽用抗菌药基础知识

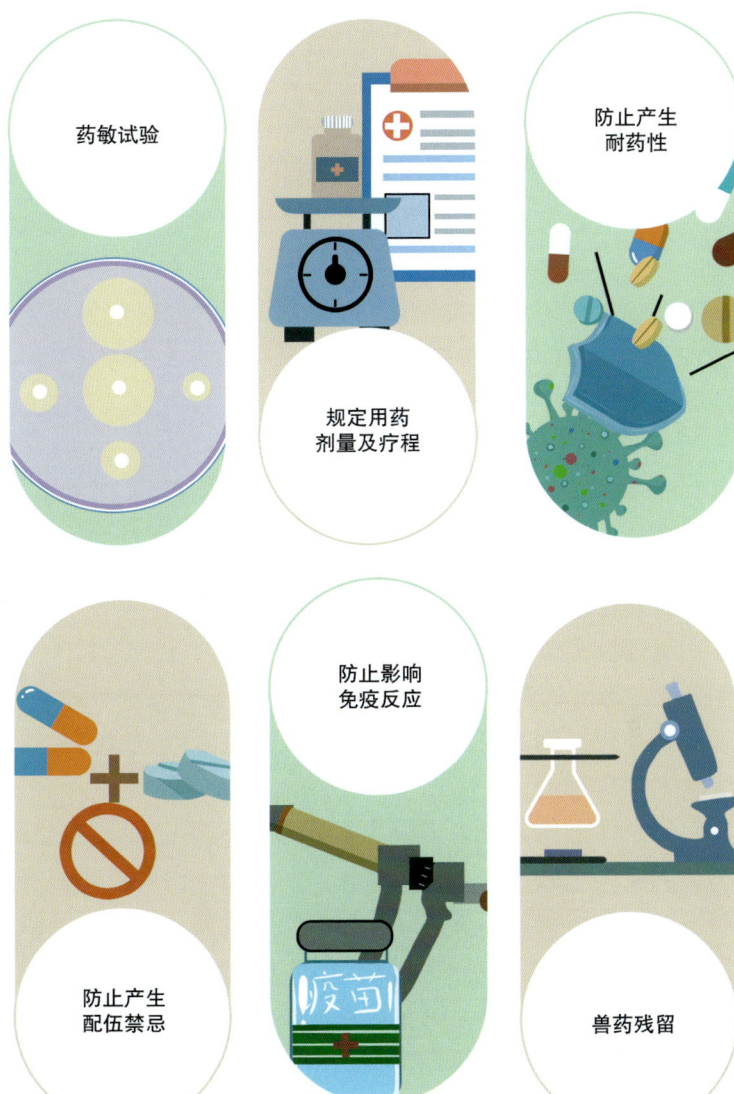

3.防止细菌产生耐药性，不宜长时间使用同一种抗生素，可选择有效的抗生素品种交替、轮换使用。

4.防止影响免疫反应，在进行各种预防疫苗接种前后数天内，不宜使用抗生素。

5.防止产生配伍禁忌，抗生素之间以及抗生素与其他药物联合使用时，有时会产生配伍禁忌，引起不良反应，应设法避免。

6.同一类别的抗生素不能同时使用，因为同时使用非但不能增加疗效，反而可能加重临床不良反应，增加用药成本，还可能造成动物产品中兽药残留问题。

（十九）常用抗菌药物配伍禁忌有哪些？

药物配伍禁忌分为物理性配伍禁忌、化学性配伍禁忌和药理性配伍禁忌。

1.物理性配伍禁忌，即某些药物相互配合在一起时，由于物理性质的改变而产生吸附、分离、沉淀、液化或潮解等变化，从而影响疗效。例如，抗菌药＋活性炭；氨苄西林或硫酸新霉素＋含水葡萄糖。

2.化学性配伍禁忌，是指某些药物配伍时，能产生分解、中和、沉淀或生成毒物等化学变化。例如同一注射器或容器中的溶液：青霉素钠或青霉素钾＋硫酸庆大霉素；青霉素钠或青霉素钾＋维生素C；磺胺类钠盐＋乳酸TMP等。

3.药理性配伍禁忌，也称疗效性配伍禁忌，是指处方中两种药物的药理作用间存在着颉颃，从而降低治疗效果或产生不良反应。例如：青霉素类＋四环素类；青霉素类＋磺胺类；青霉素类＋氟苯尼考。

一、兽用抗菌药基础知识

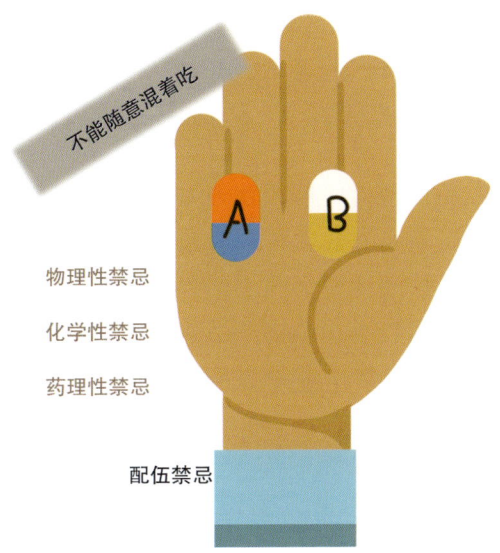

（二十）如何购买抗菌药物？

一是需要执业兽医正确诊断，并由其开具处方；

二是要购买有资质企业的合法产品；

三是购买药物要索证索票。兽用抗菌药物大多为处方药，养殖场（户）不要自行购买使用。

（二十一）什么是兽用处方药和兽用非处方药？实行处方药管理制度的意义是什么？

兽用处方药，是指凭兽医处方方可购买和使用的兽药；兽用非处方药，是指由农业农村部公布的、不需要凭兽医处方就可以自行购买并按照说明书使用的兽药。非处方药具有较高的安全性、毒副作用较小，动物产品质量安全风险系数低，在兽药标签和说明书的指导下非处方兽药按规定范围和剂量使用是安全的。

为保障动物源性食品产品安全和动物用药安全，保证人类的身体健康，我国对兽药实行处方药与非处方药分类管理制度。

一、兽用抗菌药基础知识

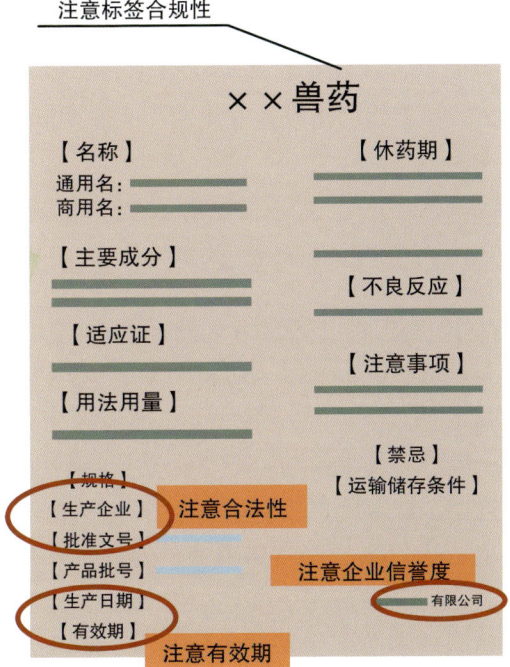

（二十二）购买兽药有哪些注意事项？

一是注意兽药产品合法性。兽药生产厂家应具有该产品生产资质（包括兽药生产许可证、兽药产品批准文号，批准文号格式是否正确，是否超过批准文号的有效期）。

二是注意兽药标签合规性。兽药标签和说明书应与国家兽药管理部门发布的兽药说明书范本一致，是否注明主要成分、含量、用法与用量、毒副作用、有效期和注意事项等内容，外包装上是否注明"兽用"字样，说明书的内容也可印在标签上。

三是注意兽药生产企业信誉度。应选择管理规范、质量上乘的诚信品牌企业生产的兽药产品。

四是注重兽药产品有效期。购买和使用兽药时,一定要在兽药标签和说明书上仔细查看产品有效期,尽量不要购买临近有效期的产品,不要使用已进入失效期(有效期满)的产品。

(二十三)什么是抗生素生长促进剂?我国停止使用促生长作用抗菌药有哪些要求?

抗生素生长促进剂也就是人们常说的饲用促生长抗生素(Antibiotic Growth Promoters,AGPs)。在动物生产中,"饲用抗生素"是指低剂量(亚治疗剂量)长期应用于饲料中,以保障动物健康、促进动物生长与生产、提高饲料利用率的抗生素。饲用抗生素曾在全球范围广泛应用。近年来,出于抗生素残留、耐药性及环境考虑,欧美等发达国家(地区)逐步停止或限制这类产品应用。

为维护我国动物源食品安全和公共卫生安全,2019年7月农业农村部发布194号公告,明确规定自2020年1月1日起,停止所有具有促生长作用的药物饲料添加剂(中兽药除外)产品的生产,并在2020年底前停止使用。

抗生素

二

常见兽用抗菌药

(一)常见兽用抗菌药的种类有哪些?

1. 抗生素

(1) β-内酰胺类

①青霉素类,如青霉素、苄星青霉素、氨苄西林、阿莫西林。

②头孢菌素类,如头孢氨苄、头孢噻呋、头孢喹肟等。

(2) 氨基糖苷类,如链霉素、庆大霉素、卡那霉素、新霉素、大观霉素和安普霉素等。

(3) 四环素类,如金霉素、土霉素、四环素和多西环素等。

(4) 酰胺醇类,如氟苯尼考、甲砜霉素。

(5) 大环内酯类,如红霉素、吉他霉素、泰乐菌素、替米考星、泰万菌素等。

(6) 多肽类,如杆菌肽锌、那西肽等。

(7) 林可胺类,如林可霉素。

(8) 截短侧耳素类,如泰妙菌素、沃尼妙林等。

2. 合成抗菌药

(1) 氟喹诺酮类,如环丙沙星、恩诺沙星、沙拉沙星、二氟沙星、达氟沙星、马波沙星等。

(2) 磺胺类,如磺胺嘧啶、磺胺噻唑、磺胺二甲嘧啶、磺胺甲噁唑、磺胺对甲氧嘧啶、磺胺间甲氧嘧啶、磺胺喹噁啉、磺胺氯吡嗪、磺胺氯达嗪、磺胺脒、甲氧苄啶等。

(3) 喹噁啉类,如喹乙醇、乙酰甲喹、喹烯酮等。

二、常见兽用抗菌药

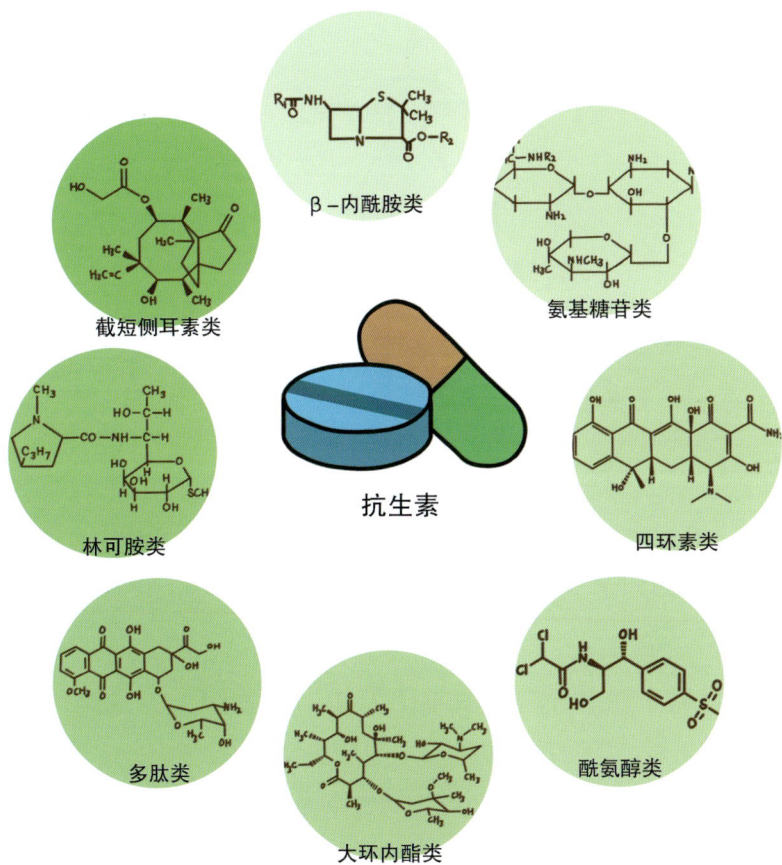

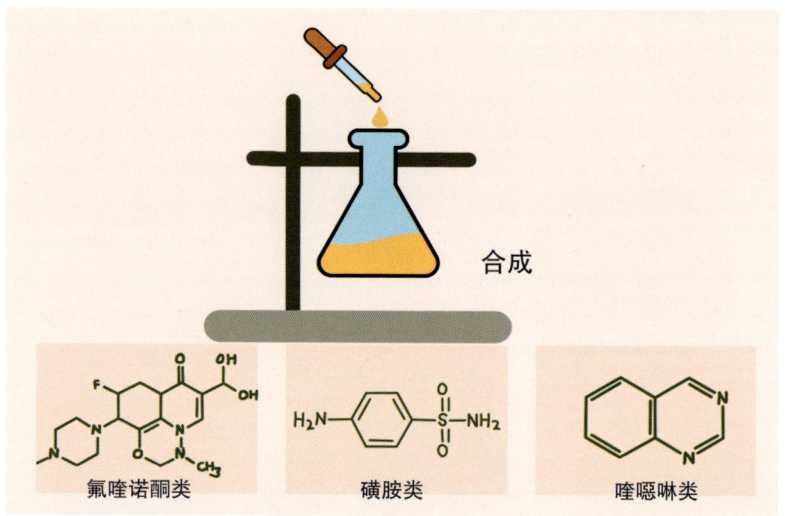

（二）常用抗菌药物的作用有哪些？

1. 青霉素类

（1）青霉素对溶血链球菌（G^+菌）有较强的抗菌活性。

（2）氨苄西林是肠球菌感染的首选药。

（3）目前兽用药效较好的青霉素类药物是复方阿莫西林，其次是阿莫西林硫酸黏菌素。

2. 头孢菌素类

（1）所有头孢菌素类，对肠球菌属、甲氧西林耐药葡萄球菌的抗菌活性差。

二、常见兽用抗菌药

（2）它们主要经肾脏排泄，中度以上肾功能不全的应根据肾功能适当调整剂量。

（3）中度以上肝功能减退时，头孢噻呋、头孢喹肟可能需要调整剂量。

3. 氨基糖苷类

（1）主要用于需氧 G^- 杆菌感染。

（2）肾皮质和内耳淋巴液中药物浓度高，所有品种均具有肾毒性、耳毒性（耳蜗、前庭）。

（3）属浓度依赖性快速杀菌剂，采用每日一次给药方案。

4. 林可胺类

（1）主要用于 G^+ 菌和各类厌氧菌感染。

（2）林可酰胺类与大环内酯类作用机制相同，存在交叉耐药性和颉颃作用。

5. 喹诺酮类

（1）环丙沙星、恩诺沙星抗铜绿假单胞菌作用较强。

（2）恩诺沙星用于腹腔、生殖系统和胆道感染时，需与地美硝唑等抗厌氧菌药物合用。

6. 磺胺类

（1）磺胺类药物具有抗菌谱广、可内服、吸收较快、性质稳定、使用方便等优点，可与甲氧苄啶和二甲氧苄啶等抗菌增效剂合用，使抗菌活性大大增强。

（2）对磺胺嘧啶较敏感的病原菌有：链球菌、肺炎球菌、沙门氏菌、化脓棒状杆菌、大肠埃希氏菌等。

类别	特点
青霉素类	对溶血链球菌（G⁺菌）抗菌活性较强 氨苄西林是肠球菌感染的首选药 对菌类敏感性：复方阿莫西林最高，阿莫西林硫酸黏菌素次之
头孢菌素类	对肠球菌属、甲氧西林耐药葡萄球菌的抗菌活性差 主要经肾脏排泄
氨基糖苷类	主要用于需氧G⁻杆菌感染 所有品种均具有肾毒性、耳毒性 属浓度依赖性快速杀菌剂，采用每日一次给药方案
林可胺类	主要用于G⁺菌和各类厌氧菌感染 林可酰胺类与大环内酯类存在交叉耐药性和颉颃作用
喹诺酮类	环丙沙星、恩诺沙星抗铜绿假单胞菌作用较强 恩诺沙星用于腹腔、生殖系统和胆道感染时，需与地美硝唑等抗厌氧菌药物合用
磺胺类	磺胺类药物具有抗菌谱广、可内服、吸收较快、性质稳定、使用方便等优点 可与甲氧苄啶和二甲氧苄啶等抗菌增效剂合用，使抗菌活性大大增强。 对磺胺嘧啶较敏感的病原菌有：链球菌、肺炎球菌、沙门氏菌、化脓棒状杆菌、大肠埃希氏菌等

二、常见兽用抗菌药

(三) 常用抗生素药物休药期是多少？

常用抗生素药物休药期：青霉素类药物，猪的休药期为 6～28d，氨基糖苷类药物休药期为 7～40d，四环素类药物休药期为 28d，氟苯尼考（蛋鸡禁用）休药期为 30d，大环丙酯类药物休药期为 7～14d，林可胺类药物休药期为 7～28d，喹诺酮类药物休药期为 10～25d，多肽类抗生素休药期为 7d，磺胺类药物休药期为 7～28d，抗寄生虫药物休药期为 14～28d。

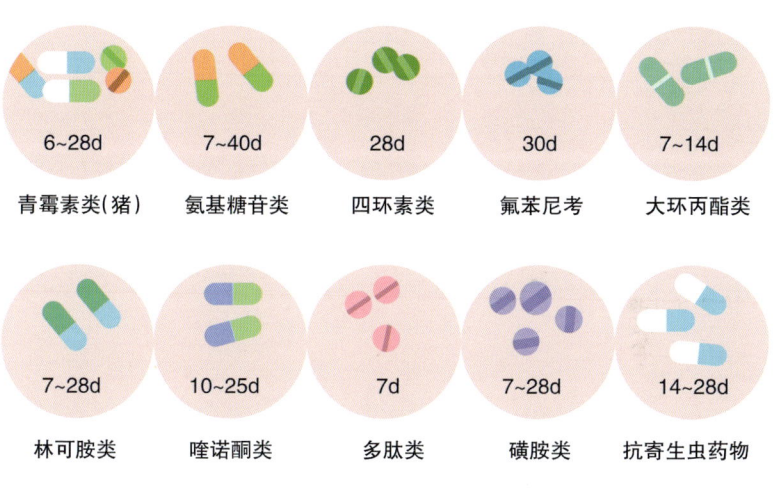

休药期

三

抗菌药物替代品

（一）抗菌药物有没有替代品？

动物细菌性传染病可对畜禽养殖业造成巨大经济损失。常规药物治疗不仅存在药物残留问题，且易产生细菌耐药性。我国农业农村部于2021年发布《全国兽用抗菌药使用减量化行动方案（2021—2025年）》，推进兽用抗菌药使用减量化，遏制动物源细菌耐药、整治兽药残留超标等系列问题。生物学防治方法应运而生，其无残留、副作用小、不易产生耐药性等优点，越来越受到关注，包括疫苗、益生菌、植物提取物、微生态制剂、噬菌体、细胞因子等。但是，此类药物开发不够全面，还不能完全替代抗菌药在养殖过程中的重要作用。

抗菌药代替品

三、抗菌药物替代品

（二）疫苗的作用是什么？

使用疫苗可以预防而不是治愈病毒和细菌等病原体的感染，使机体对特定病原体产生免疫力。疫苗通过模拟感染病原体或疾病来刺激机体的反应，然后机体会在未来"记住"这些病原体或该种疾病。

（三）益生菌的作用是什么？

益生菌的作用主要包括提高动物的免疫力、增加采食量、调节瘤胃微生态环境、预防酸中毒、提高纤维素消化率、增加产奶量、抵抗热应激等。

动物益生菌通过改善胃肠道的内环境，如pH值、渗透压、温度等，促进有益微生物的生长发育，进而提高饲料的采食量及消化率。这些作用有助于防止和延缓动物应激反应，特别是在高温、高湿的气候条件下。此外，动物益生菌还能提高奶牛的产奶量、乳脂率和乳蛋白率，降低饲料在瘤胃发酵过程中所产生的甲烷和CO_2。这些效果有助于减少疾病，提高动物的健康水平，尤其是在大量饲喂精料而可能产生瘤胃酸中毒情况下。

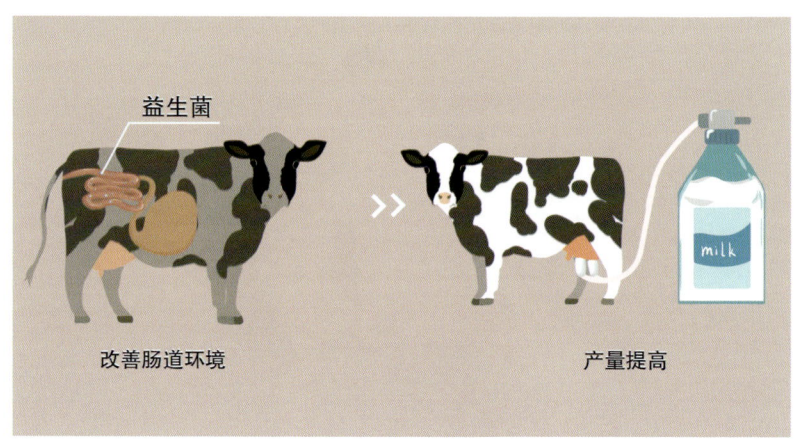

（四）植物提取物的作用是什么？

植物提取物来自天然的提取物质，一般作为非处方药，副作用小、不易残留、不易引起耐药性。植物提取物含有生物碱、挥发油、酚类、酸类、生物碱及有机酸等物质，能调节机体免疫力、抗炎杀菌、修复受损组织、促进机体恢复等功效。一些植物提取物中含有的皂苷、黄酮和多糖等，能促进奶牛乳腺血液循环，也可促进乳腺修复和提高泌乳量。

三、抗菌药物替代品

（五）微生态制剂

微生态制剂主要分为三类：益生菌、益生元及合生元，能调整动物机体局部微生态失调，提高机体免疫力，促进和保持动物健康。目前国内已有乳酸菌、酵母菌、枯草芽孢杆菌制成的复合微生态制剂产品，能增强免疫力，降低奶牛乳体细胞数，降低乳房炎发病率。而针对防治奶牛子宫内膜炎的微生态制剂大多在研发阶段。现也开发了针对畜禽的多种中草药－微生态制剂。

（六）噬菌体的作用是什么？

噬菌体是一类能够特异性感染细菌等微生物的 RNA 或 DNA 病毒。噬菌体广泛地存在于自然界中，与常规抗生素治疗相比，噬菌体只对特定的宿主菌有效，并且具有种属、血清型的高度特异性，不会影响其他正常细菌菌群平衡，副作用小，且方便提取。噬菌体在进入宿主菌后，通过合成自身所需的一系列蛋白质，达到破坏细菌细胞壁结构的作用，从而杀灭细菌。

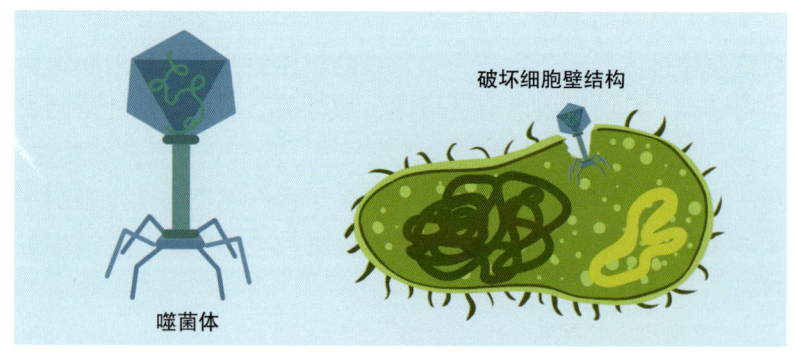

三、抗菌药物替代品

（七）细胞因子

细胞因子是一类能在细胞间传递信息、具有免疫调节和效应功能的蛋白质或小分子多肽，通过直接或间接介导和调控机体免疫应答能力及体内炎症反应，促进组织新生和造血功能，参与受损机体组织的修复及抗增殖与神经内分泌效应等功能。细胞因子通过在体外进行重组DNA能大规模生产，与常规抗生素相比，具有使用剂量较少，活性高，在奶牛乳汁中残留量更少、安全毒副作用小等优势。目前研究较多的用于预防和治疗奶牛乳房炎的细胞因子包括重组牛白介素2（rBoIL-2）、重组牛干扰素γ（rBoIFN-γ）、重组牛可溶性CD14（rBoCD14）、肿瘤坏死因子（TNF-α）等。

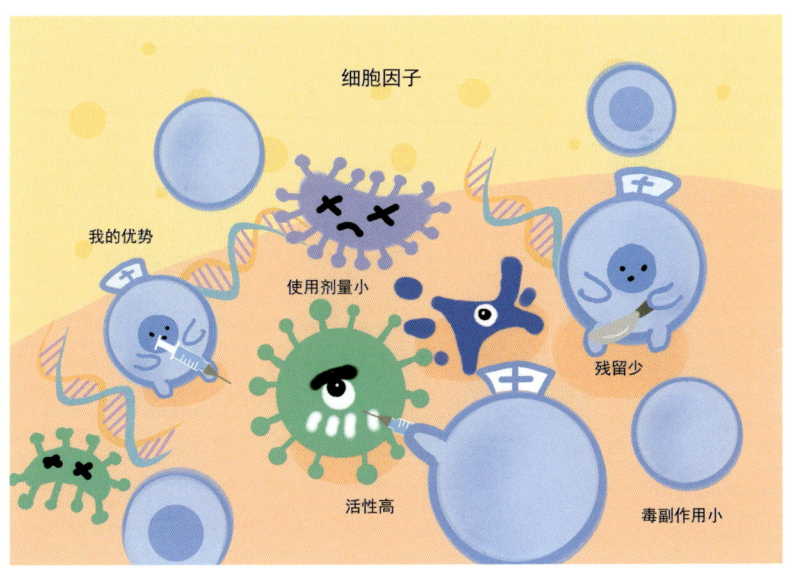

四

兽药残留与动物源细菌耐药性控制

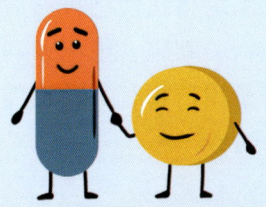

（一）动物性食品主要安全隐患包括哪些？

动物性食品是指动物肉类、蛋类、奶类及其制品，是提供蛋白质的重要来源。动物性食品的主要安全隐患是兽药残留和动物源细菌耐药等。

兽药残留　　　　　　动物源细菌耐药

（二）什么是兽药残留？

兽药残留是指食品动物在使用兽药后残存在动物产品的任何食用部分（包括动物的细胞、组织或器官，泌乳动物的乳或产蛋家禽的蛋）中与所用药物有关的物质的残留，包括药物原形及其代谢产物。

兽药残留

四、兽药残留与动物源细菌耐药性控制

（三）兽药残留产生原因与危害有哪些？

食品中兽药残留问题在国内外影响广泛且颇受关注，与公众的健康息息相关，也直接关系到养殖业的经济利益和可持续发展，影响国家的对外贸易和国际形象。

兽药残留　影响　公众健康　经济效益　对外贸易

43

（四）兽药残留的来源有哪些？

兽药残留主要是指化学药物的残留，生物制品一般不存在残留问题。食品动物用药途径一般包括饲料、饮水、口服、喷雾、注射等方式，常常因为用药不规范而导致兽药残留。此外，环境污染或其他途径进入动物体内的药物或其他化学物质也可能导致残留。

兽药残留

（五）环境中为什么能检测到抗菌药？

抗菌药广泛用于人类医疗、动物疾病控制和预防，以及用于种植业和工业生产。这些药物随生产生活进入环境是难以避免的，随着检测手段越来越先进，自然环境中检出抗菌药也就不奇怪了。

四、兽药残留与动物源细菌耐药性控制

此外，自然环境中的很多微生物也会产生抗生素，比如青霉素就是从青霉菌的代谢物中发现的。

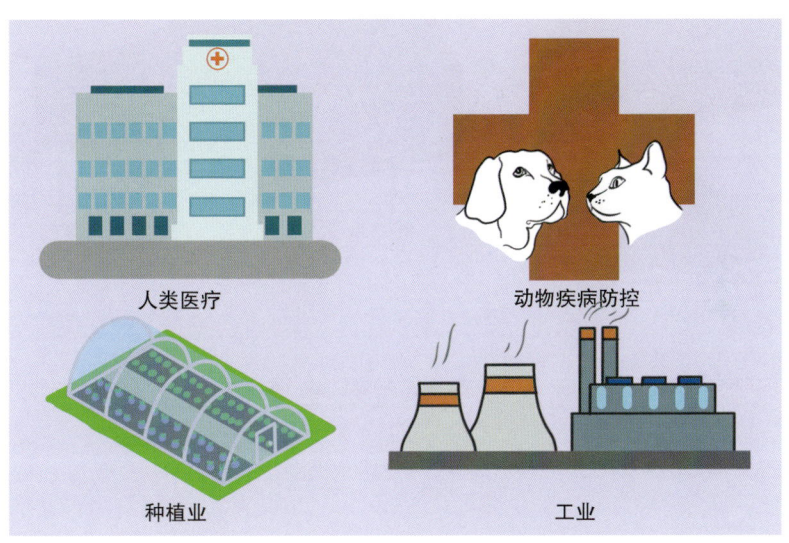

（六）哪些环境中能检测到抗菌药？

根据中国、美国、加拿大、澳大利亚、德国、意大利、西班牙、瑞典、日本等国家的数据，土壤和污泥、废水、地表水、地下水、饮用水都能检测到抗菌药成分，这种情况在各国普遍存在。

但是抗菌药在环境中的浓度普遍很低，水体中的浓度一般在十亿分之一左右。

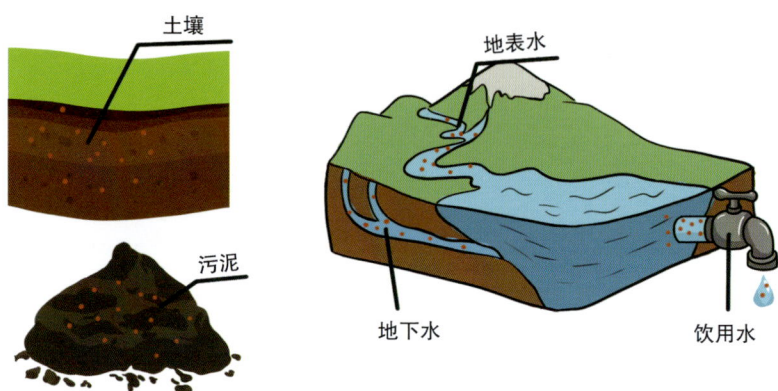

（七）环境水体中残留抗生素的来源有哪些？

工业废水、医用抗生素和兽用抗生素等。

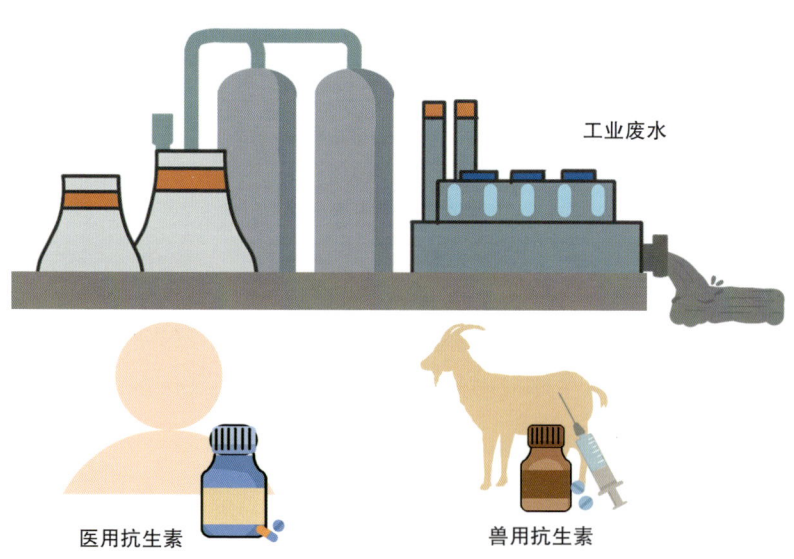

四、兽药残留与动物源细菌耐药性控制

（八）环境中的抗菌药成分能不能自然降解？

世界卫生组织的技术报告指出，水环境中绝大多数药物的浓度均能自然降解，如吸附到沉积物上、日光降解和生物降解。饮水及废水的处理过程也会降低抗菌药的浓度。

另外，在合适的堆肥条件下，畜禽粪便堆肥过程也可以有效减少抗菌药在粪便中的浓度，将对环境的影响降到最小。

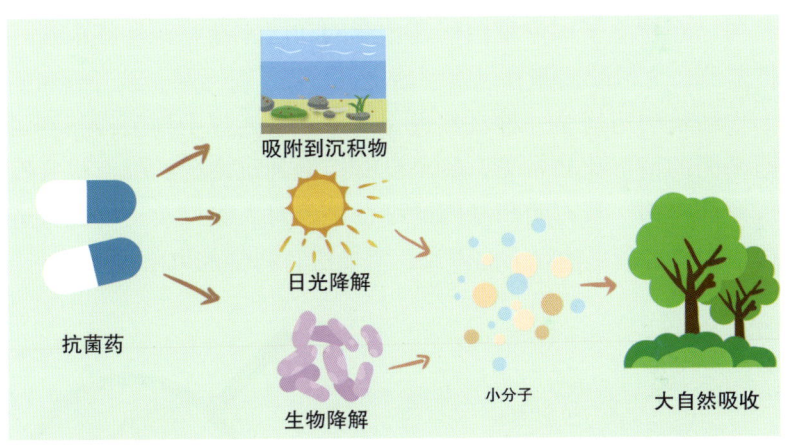

（九）环境中的抗菌药成分是否会导致耐药菌产生？是否会影响到人的健康？

自然界中原本就存在抗菌药成分和耐药菌。目前，环境中抗菌药增加导致耐药菌产生的情况是存在的，但是尚无法建立起细菌耐药性与环境中低水平抗菌药之间的相应关系。

细菌耐药性监测是国际上应对耐药性问题的一个普遍做法。耐药性监测的重点领域是医疗行业、养殖业和食品消费环节。我国已经建立了国家细菌耐药监测网和国家动物源性细菌耐药性监测，为风险监测和风险评估提供依据。

细菌耐药性是一种自然进化现象。自然界中细菌检测到耐药基因的情形比较常见，甚至没有接触到抗菌药的细菌也会发现耐药基因。具有耐药基因的细菌是否对人类以及动物健康造成危害或者带来治疗上的困难，需要进行科学的风险评估。

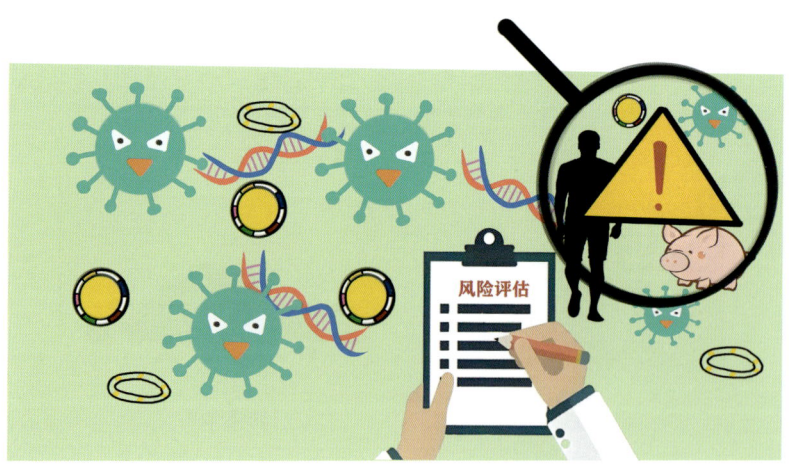

四、兽药残留与动物源细菌耐药性控制

（十）如何减少兽用抗菌药进入环境？

可以采取多种合理又实际的方式防止和减少抗菌药进入环境。根据我国的环境保护法律法规，医药废物（如抗菌药生产过程中产生的废物、过期原料等）、医疗废物均列入了《国家危险废物目录》，必须按照危险废物集中处置，减少对环境的影响。

抗菌药生产行业的清洁生产也是一个重要环节，通过提升生产技术和管理，减少废弃物的排放。工业企业污水处理符合环保标准才能排放。科学研究表明，污水处理在一定程度上能减少抗菌药的含量。

在使用的源头减量。我国农业农村部门通过提倡标准化养殖、推行兽药处方制管理等措施，减少抗菌药在养殖业中的使用。2021年10月，农业农村部发布了《全国兽用抗菌药使用减量化行动方案（2021—2025年）》，加大对抗菌药生产环节、销售环节、使用环节的监管，推进标准化和健康养殖，规范兽药抗菌药的使用。

减少废弃物排放

污水处理

（十一）中兽药存在残留问题吗？

中兽药在我国已经有几千年的应用历史，一般毒性较低，有的可以药食同源；虽然对中兽药一些活性成分的主要作用包括药理毒理作用尚不明晰，但因其有效成分含量较低，所以中兽药的残留问题一般暂不考虑。

中兽药

（十二）兽药残留的主要原因是什么？

发生兽药残留的原因较多，但主要是因为不规范使用导致的。常见的原因主要是：

1. 不按照兽医师处方、兽药标签和说明书用药。兽药的适应证、给药途径、使用剂量、疗程都有明确规定，也都在标签和说明书上载明。但有的养殖场（户）没有执业兽医师服务，或者有执业兽医师但不执行处方药制度，或不在执业兽医师监管下用药，或者不按照兽药标签和说明书用药。

四、兽药残留与动物源细菌耐药性控制

2. 不遵守休药期规定。休药期是指食品动物最后一次使用兽药后到动物可以屠宰或其产品（蛋、奶）可以供人消费的间隔时间。这是兽药制剂产品的一项重要规定，食品动物在使用兽药后，需要有足够的时间让兽药从动物体内尽量排出，最终动物性产品（肉、蛋、奶）中兽药残留量不会超过法定标准。不遵守休药期，动物组织中的兽药残留极易超标。

3. 使用未批准在该食品动物使用的药物。未经批准的药物，一般都没有明确的用法、用量、疗程和休药期等规定，使用后难以避免残留超标。

4. 饲料中添加药物且不标明。有的饲料中可能已经添加了药物，但却不在标签中标明药物品种和浓度，养殖者在不知情时重复用药，造成残留超标。

5. 非法使用国家禁止使用的物质。如使用违禁物质克伦特罗作为促生长剂，运输动物时使用镇静药物防止动物斗殴等。这些也是造成动物性食品中有害物质残留的原因，属国家严厉打击的范围。

不按说明书用药

使用未经批准药物

不标明添加药物

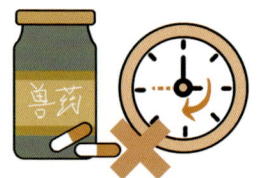
不遵守休药期规定

非法使用禁止物质

（十三）兽药在动物中的残留和消除过程是怎样的？

兽药在动物体内会经过吸收、分布、代谢和排泄过程。"吸收""分布"是药物进入动物体内发挥作用并残留的过程。"代谢""排泄"是药物从动物体内清除的过程。在规范使用的情况下，绝大部分药物被代谢和排泄，在动物体内的残留水平很低。

四、兽药残留与动物源细菌耐药性控制

（十四）我国的兽药残留限量标准情况如何？

我国兽药残留限量标准分为四类：

1. 不需要制定最高残留限量的兽药 88 种。
2. 需要制定最高残留限量的兽药 94 种。
3. 可以用于食品动物，但不得检出兽药残留的兽药 9 种。
4. 农业农村部明令禁止使用的兽药 31 种，比如瘦肉精。

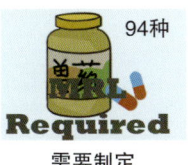

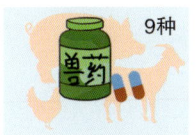

（十五）国际上兽药残留标准的情况如何？

目前国际食品法典（CAC）制定了 67 种兽药残留限量，并对 12 个兽药提出了风险管理建议。各国结合本国实际，分别制定了本国标准，例如美国已制定 95 种兽药的残留限量，欧盟有 139 种。

我国兽药残留限量标准中有 98% 的可比项目已达到或超过国际标准。

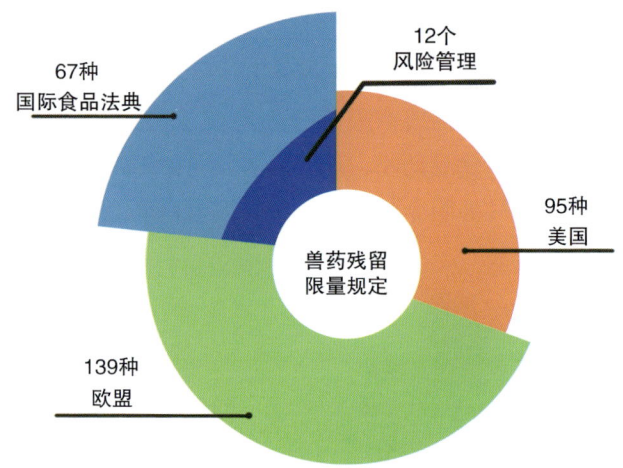

（十六）为何我国兽药使用量较大？

兽药的总使用量在很大程度上取决于养殖规模和人口规模。因此，我国的兽药总使用量必然比许多国家要高。我国是世界人口大国，肉蛋奶的消费量巨大。因此，动物养殖规模也十分庞大。

美国的动物养殖规模居世界第二，其兽药使用量同样远高于其他国家。

我国养殖业也存在一些兽药使用不合理或者滥用的个别情况，需要进一步加强监管和引导。

四、兽药残留与动物源细菌耐药性控制

人口数量众多　　　　　消费量巨大

（十七）兽药残留的危害有哪些？

概括起来，兽药残留对人体健康和公共卫生的危害主要有如下几方面：

1. 一般毒性作用。一些兽药或添加剂都有一定的毒性作用，如氨基糖苷类抗生素有较强的肾毒性和耳毒性等。人若长期摄入含有该类药物残留的动物性食品，随着药物在体内的蓄积，可能产生急性或（和）慢性毒性作用。

2. 特殊毒性作用。一般指致畸作用、致突变作用、致癌作用和生殖毒性作用等。农业农村部撤销的兽药中如硝基咪唑类、喹乙醇、卡巴氧、砷制剂等有致癌作用，苯并咪唑类、氯羟吡啶等有致畸和致突变作用。特殊毒性作用对人体健康危害极大。

3. 过敏反应。如青霉素等在牛奶中的残留可引起人体过敏反应，严重者可出现过敏性休克并危及生命。

4. 激素样作用。使用雌激素、同化激素等作为动物的促生长剂，其残留物除有致癌作用外，还对人体产生其他有害作用，超量残留可能干扰人的内分泌功能，破坏人体正常激素平衡，

甚至致畸、引起儿童性早熟等。

5. 对人胃肠道菌群的影响。含有抗菌药物残留的动物性食品可能对人胃肠道的正常菌群产生不良的影响，致使平衡被破坏，病原菌大量繁殖，损害人体健康。另外，胃肠道菌群在残留抗菌药的选择压力下可能产生耐药性，使胃肠道成为细菌耐药基因的重要贮藏库。

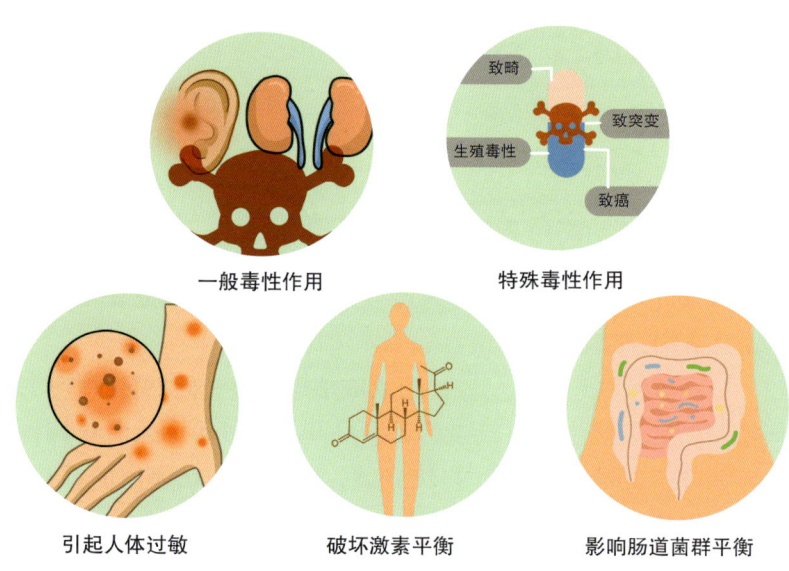

（十八）兽药残留的检测手段有哪些？

兽药残留检测方法包括筛选方法、定性方法和定量检测方法。为了对食品中的兽药残留进行有效监测，我国农业农村部每年投入大量资金用于兽药残留监控，制定了一系列单个兽药在饲料监控和动物源食品中残留的测定方法，可以快速有效检测动物性食品中的各种兽用抗菌药残留。

四、兽药残留与动物源细菌耐药性控制

检测类别	检测目的	应用场景	特点	检测方法
筛选法	大规模筛查、初步判断	养殖、屠宰企业和基层兽医等部门现场检测	操作简便、快速，但灵敏度和特异性相对较低	试纸条、检测卡等
定性法	在筛选法的基础上对疑似含有兽药残留的样品进行进一步的确认和分析	养殖、屠宰企业和各级兽医等部门实验室检测	能够确定样品中是否存在某种或某类兽药残留，但无法提供残留的具体含量	酶联免疫吸附法（ELISA）、微生物学测定法、薄层色谱法（TLC）等
定量法	兽药残留检测的高级阶段，能够精确测量样品中兽药残留的具体含量	兽药残留检测机构、科研机构等	具有较高的灵敏度和准确性，能够满足不同类型兽药残留的检测需求，确保食品安全标准得到遵守	高效液相色谱法（HPLC）、气相色谱法（GC）、液相色谱–质谱联法（LC-MS/MS）等

（十九）监测动物源细菌耐药性有何意义？

开展动物源细菌耐药性监测，有下列目的和意义：

1. 可指导兽医临床合理选用抗菌药，提高治愈率，减少死亡率，降低养殖成本。

2. 可了解细菌耐药机制，掌握耐药动态与发展趋势，分析抗菌药使用与耐药性发展的关联性，为制定耐药性控制措施提供理论依据。

3. 可为动物源耐药菌引起的食品安全和公共卫生安全风险

评估提供基础数据。

4. 可评价耐药性控制措施的成效。

5. 可为研发新的抗菌药提供参考。

（二十）对兽药残留如何控制与避免？

兽药残留是现代养殖业中普遍存在的问题，但是残留的发生并非不可控制与避免。实际上，只要在养殖生产中严格按照标签或说明书规定的用法与用量使用，不随意加大剂量，不随意延长用药时间，不使用未批准的药物等，兽药残留的超标是可以避免的。然而，就目前我国养殖条件下，把兽药残留降低到最低限度还需要下很大力气。保证动物性产品的食品安全，是一项长期而艰巨的任务，关系到各方面的工作。

四、兽药残留与动物源细菌耐药性控制

严格按照说明书使用

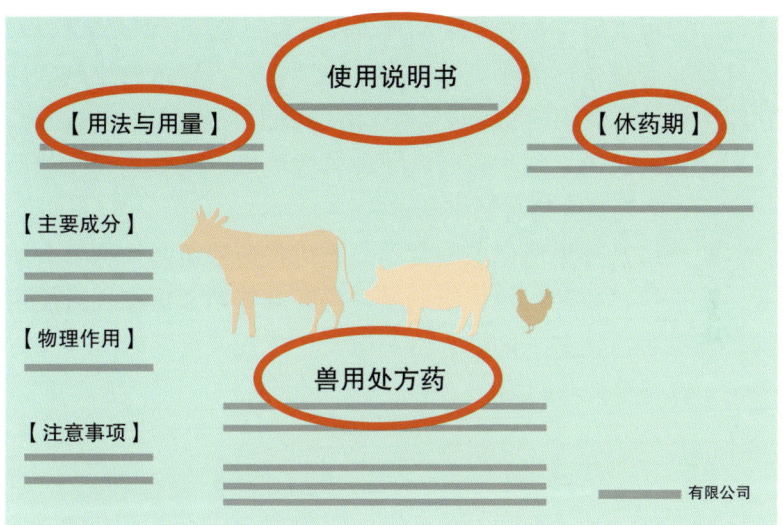

（二十一）如何规范兽药使用？

在养殖生产中规范使用兽药方面，应严格遵守相关规范。

1. 严格禁用违禁物质。为了保证动物源性食品的安全，我国兽医行政管理部门制定发布了《食品动物禁用的兽药及其他化合物清单》，兽医师和食品动物饲养场均应严格执行相关规定。出口企业还应当熟知进口国对食品动物禁用药物的规定，并遵照执行。

2. 严格执行处方药管理制度。所谓兽用处方药，是指凭兽医师处方才可购买和使用的兽药。处方药管理的一个最基本的原则就是兽药要凭兽医的处方方可购买和使用。因此，未经兽医开具处方，任何人不得销售、购买和使用处方药。通过兽医开具处方后购买和使用兽药，可防止滥用兽药尤其是抗菌药，避免或减少动物产品中发生兽药残留等问题。

3. 严格依病用药。就是要在动物发生疾病并诊断准确的前提下才使用药物。与过去相比，我国养殖业在养殖规模、养殖条件、管理水平、人员素质方面都有很大的进步。但是规模小、条件差、管理落后的小型养殖场（户）仍然占较大的比例。这些养殖场依靠使用药物来维持动物的健康，极易出现过度用药、滥用药物等情况，发生兽药残留的风险极大，也带来较大的药物费用，应当摒弃这种思维和做法。

4. 严格执行用药记录制度。要避免兽药残留必须从源头抓起，严格执行兽药使用记录制度。兽医及养殖人员必须对使用的兽药品种、剂型、剂量、给药途径、疗程或给药时间等进行登记，以备检查与溯源。

严格禁用违禁物质

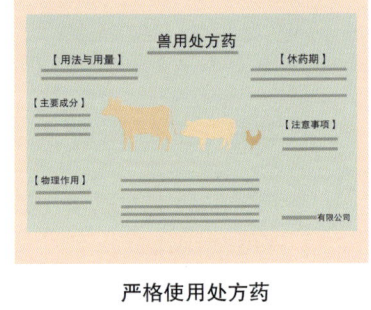

严格使用处方药

严格依病用药

严格用药记录

四、兽药残留与动物源细菌耐药性控制

（二十二）避免兽药残留应做到哪些方面？

兽药残留是动物用药后普遍存在的问题，要想避免动物性产品中兽药残留，需要做好以下工作：

1. 加强对饲料中添加兽药的管控。现代养殖业的动物养殖数量都比较大，因此用药途径多为群体给药，饲料和饮水给药是最为方便、简捷、实用、有效的方法。然而，通过饲料添加方式给药的兽药品种需要经过政府主管部门的审批，饲料加工厂和养殖场都不得私自在饲料中添加未经批准的兽药。其次，某些饲料加工厂生产的商品饲料中不标明添加的药物，因而可能导致养殖场的重复用药，从而带来兽药残留超标的风险。

2. 加强对非法添加物的检测。目前兽药行业仍然存在良莠不齐、同质化严重的现象，兽药产品在销售竞争中仍然以低价取胜。因此，兽药产品中处方外添加药物的现象仍然较为多见。此外，一些兽药企业非法生产未经批准的复方产品也属于非法添加产品。这些产品因为没有经过临床疗效、残留消除试验，未获得正式批准，所以其休药期是不确定的，增加了发生残留的风险。

3. 严格执行休药期规定。兽药残留产生的主要原因是没有遵守休药期规定，因此严格执行休药期规定是减少兽药残留发生的关键措施。药物的休药期受剂型、剂量和给药途径的影响。此外，联合用药由于药动学的相互作用会影响药物在体内的消除时间，兽医师和其他用药者对此要有足够的认识，必要时要适当延长休药期，以保证动物性食品的安全。

4. 杜绝不合理用药。不合理用药的情形包括不按标签或说明书的规定用药以及盲目超剂量、超疗程用药等,其极易导致兽药残留超标的发生。因为动物代谢药物的能力有限,加大剂量可能会延长药物在动物体内的消除时间,出现残留超标。

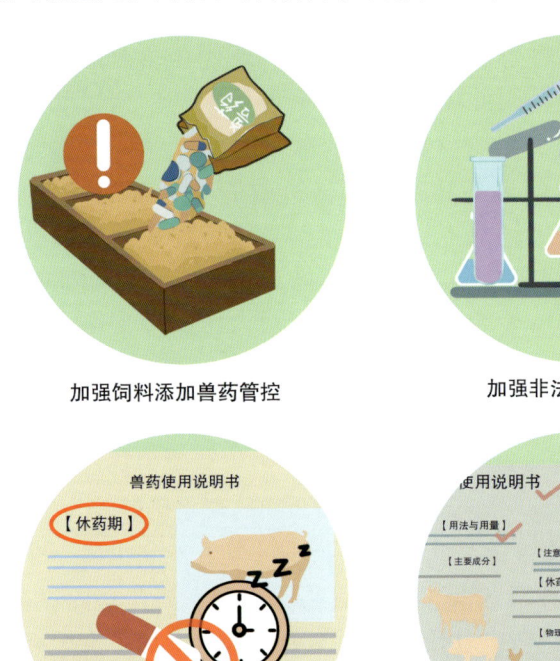

加强饲料添加兽药管控　　加强非法添加剂检测

严格执行休药期规定　　杜绝不合理用药

(二十三)我国兽药残留控制涉及哪些环节?

1.兽药生产环节。厂家需严格保障药物及其制剂的质量,严格进行相关研究和评价,明确药物标签。

四、兽药残留与动物源细菌耐药性控制

2. 养殖环节。需合理用药,严格遵循兽药产品说明书和休药期制度。

3. 动物源产品上市流通环节,应用高效检测手段,对肉、蛋、奶等动物产品中的兽药残留进行抽样检测,及时发现问题并处置。

监管部门对上述三个环节都进行监督,对上市后的动物性食品进行监测。

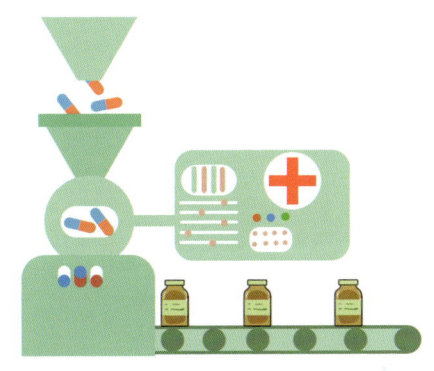

生产环节

养殖环节

流通环节

(二十四)什么是耐药菌?

耐药菌是指具有耐药性的病原菌。包括自然耐药细菌和在长期的抗生素选择之后出现的对相应抗生素产生耐受能力

的细菌。只要频繁用药等条件存在，耐药菌就会大量繁殖后代，并可通过直接接触、不洁饮水、被污染食物或者手术器械等传播扩散。养殖场由于动物数量多，相互接触密切，多采用饲料、饮水群体给药方式，较易发生细菌病和用药后产生耐药菌。

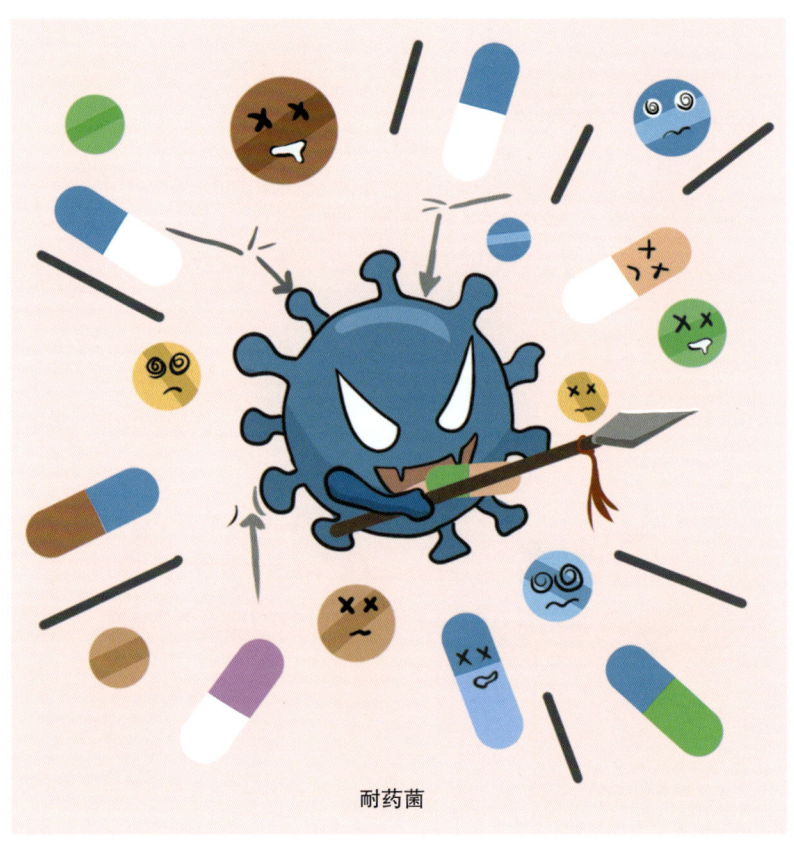

耐药菌

四、兽药残留与动物源细菌耐药性控制

（二十五）什么是耐药性？

耐药性又称抗药性，是指动物致病菌对药物不敏感或敏感性下降甚至消失的现象，可导致治疗效果明显下降甚至无效。耐药性分为固有耐药性和获得耐药性。固有耐药性是由细菌染色体基因决定而代代相传的耐药性；获得耐药性即一般所指的耐药性，是指细菌在多次接触抗菌药物后，产生了结构、生理及生化功能的改变，从而形成具有抗药性的变异菌株，它们对药物的敏感性下降或消失。

某种病原菌对一种药物产生耐药性后，往往对同一类的药物也具有耐药性，称为交叉耐药性。

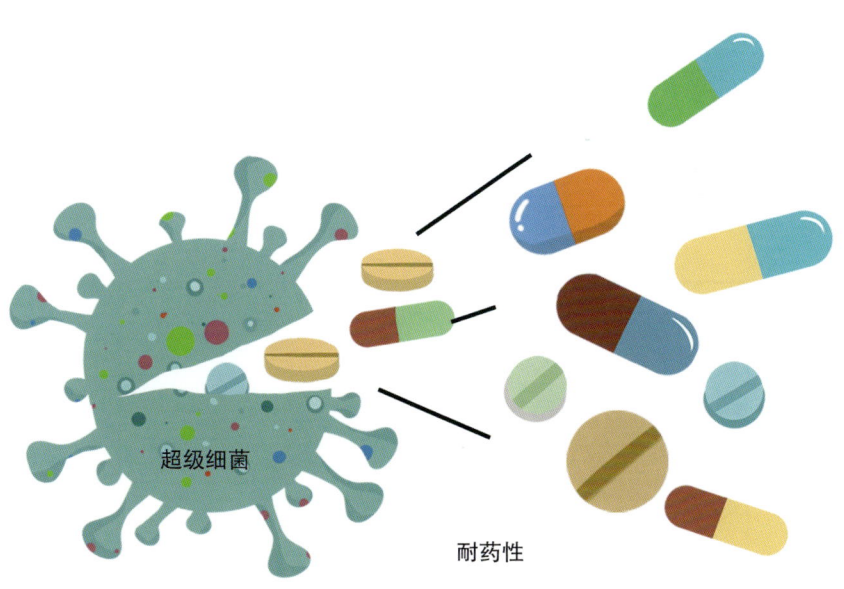

（二十六）什么是多耐药、泛耐药和全耐药？

"多耐药"是 Multi-drug Resistant 的中文翻译，简称"MDR"，指细菌对 3 类或 3 类以上的常用抗菌药同时耐药，有时也叫多重耐药。目前临床常见病原菌几乎都是多耐药菌。

"泛耐药"是 Extensively Drug Resistant 的中文翻译，简称"XDR"，指细菌对常用抗菌药几乎全部（除少数几种外）耐药。所谓的"超级细菌"即为泛耐药菌。

"全耐药"是 Pan-drug Resistant 的中文翻译，简称"PDR"，指细菌对常用抗菌药全部耐药。目前临床上尚未发现全耐药菌。

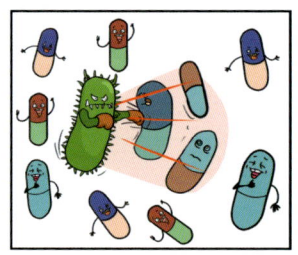

多耐药

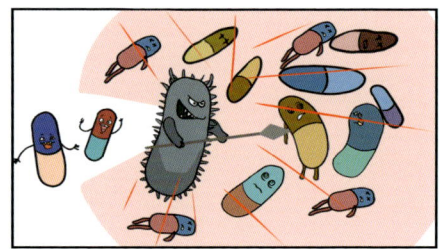

泛耐药

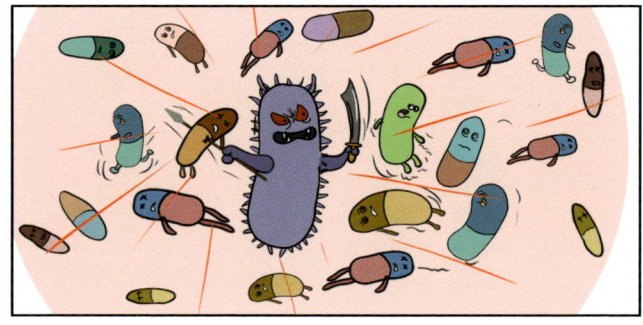

全耐药

四、兽药残留与动物源细菌耐药性控制

（二十七）什么是耐药率和耐药谱？

耐药率是指某种细菌的一批菌株中，对某种抗菌药耐药的菌株数占总菌株数的比例，常以百分率表示。如在肉鸡体内分离到 100 株沙门氏菌，其中 35 株对恩诺沙星耐药，其耐药率即为 35%。

耐药谱即细菌可同时耐受的抗菌药种类，多以"药物"加"–"表示。如某致病菌的耐药谱为"恩诺沙星 – 头孢噻呋 – 氨苄西林 – 氟苯尼考"，即表示该致病菌同时对恩诺沙星、头孢噻呋、氨苄西林、氟苯尼考耐药。

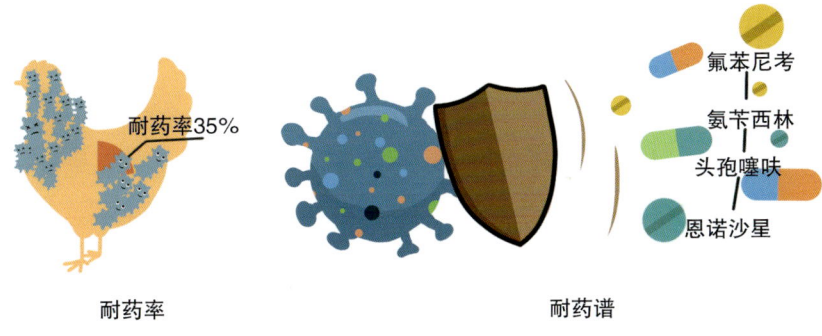

耐药率　　　　　　　　　　耐药谱

（二十八）什么是交叉耐药和共同耐药？

细菌对一类抗菌药（结构相近、作用机制相同）中的某种药物产生耐药后，对该类抗菌药的其他种药物也表现耐药，称为交叉耐药（Cross-resistance）。根据程度不同，交叉耐药又可分为完全交叉耐药和部分交叉耐药。

细菌对不同类抗菌药（结构完全不同、作用机制各异）同时表现耐药，称为共同耐药（Co-resistance）。如耐甲氧西林葡萄球菌（简称MRSA）除对β-内酰胺类抗生素（包括青霉素和头孢菌素）外，还可能对大环内酯类、氨基糖苷类、四环素类、磺胺类、氟喹诺酮类药物耐药。

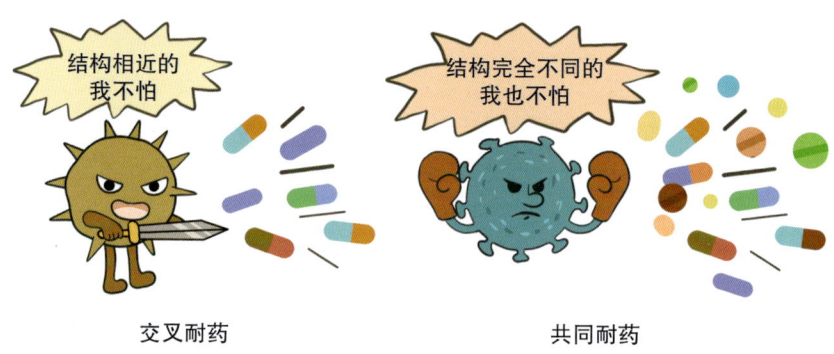

交叉耐药　　　　　　　　共同耐药

（二十九）什么是耐药基因？耐药基因是如何增殖和传播的？

耐药基因是编码耐药性状的一段核苷酸序列（DNA片段）。与其他遗传物质一样，耐药基因在细菌分裂增殖过程中得到复制。耐药基因可位于细菌的染色体上，也可位于染色体外的质粒上，质粒携带的耐药基因可通过接合、转化、转导等方式在同种细菌甚至不同种细菌的菌株之间传播。耐药基因的传播必须借助载体菌（携带耐药基因的细菌），因此离开了载体菌，耐药基因不能在动物—动物、动物—人、人—人之间传播。

只要注意饮食卫生、环境卫生等便可有效避免耐药菌及耐药基因的传播。也就是说，熟制肉类制品因烹饪加工过程可

四、兽药残留与动物源细菌耐药性控制

破坏畜禽等生肉中的病原菌（包括具有耐药性和耐药基因的细菌），所以不必担心因食用熟制肉制品而感染耐药菌。预防感染病原菌（包括具有耐药性及耐药基因的细菌）的有效措施：一是在生肉加工过程中使用的器具与操作台面要实行严格的生熟分开；二是接触生肉的人员在操作前后要及时、充分洗手；三是生肉加工熟食时要煮熟煮透。

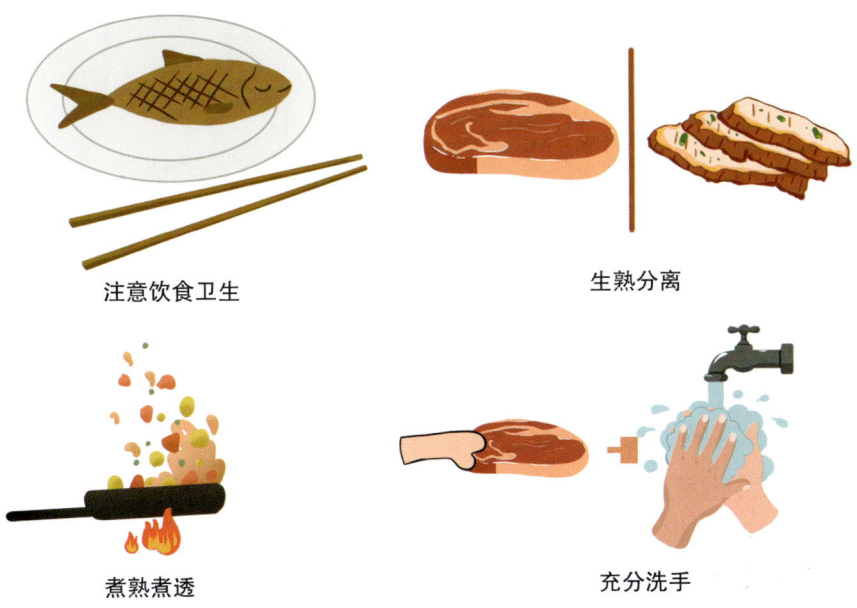

注意饮食卫生　　　　　生熟分离

煮熟煮透　　　　　充分洗手

（三十）耐药基因有无危害？

耐药基因必须经细菌获取、表达产生了耐药性，才能呈现风险。因此，耐药基因不具有直接的危害性，环境中耐药基因的生态风险也十分有限。

耐药基因的获取和表达

（三十一）什么是天然耐药性和获得耐药性？

天然耐药性（Intrinsic Resistance）又称为固有耐药性，是指细菌与生俱来的对某些抗菌药不敏感的生理特性，如大肠杆菌对万古霉素、绿脓杆菌对氨苄西林、链球菌对庆大霉素即天然耐药。天然耐药由细菌的染色体决定，可代代相传，因此可根据细菌种属预知，无须通过药敏试验判定。

获得耐药性（Acquired Resistance）是指在某种/类抗菌药胁迫下，细菌通过自身遗传物质改变（基因突变）或外源性遗传物质（耐药基因）获取转基因而产生的对该种/类抗菌药的耐药性。获得耐药性同样由细菌的遗传物质（染色体、质粒等）所决定，所以一旦产生也不容易丧失。

四、兽药残留与动物源细菌耐药性控制

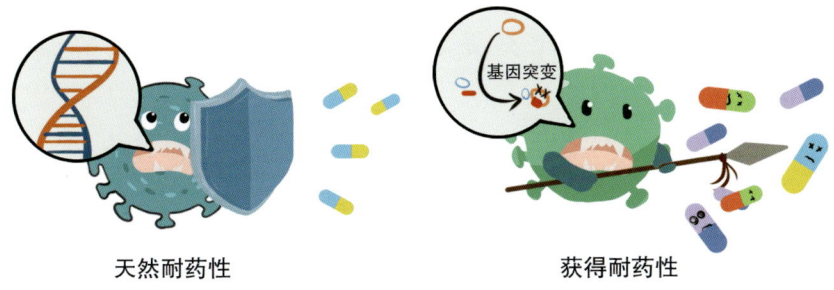

天然耐药性　　　　　　获得耐药性

（三十二）什么是药敏试验？

药敏试验是抗菌药敏感性试验（Antibacterial Susceptibility Test）的简称，是指在体外测定细菌对抗菌药的敏感程度或耐药水平的一类试验。目前常用的药敏试验方法有：纸片法（K-B法）、稀释法（肉汤稀释法、琼脂稀释法）、E-Test法等。其中，纸片扩散法只能定性测定细菌对药物的敏感程度，而稀释法则可定量测定药物对细菌的抗菌活性（MIC）。

不同细菌对各种抗菌药的敏感性不同，同一种菌不同菌株对各种抗菌药的敏感性也存在差异。因此临床中开展药敏试验，可了解致病菌对哪些抗菌药敏感，以便针对性地选用有效抗菌药，减少盲目性用药。

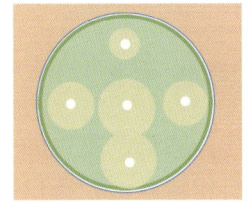

纸片法

稀释法

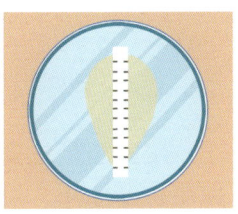

E-Test法

（三十三）什么是细菌敏感性，如何理解细菌敏感性下降？

敏感性（Susceptibility）是指细菌对抗菌药的敏感程度。细菌是最常见的重要病原微生物，不同的病原菌对不同的抗菌药物有不同的敏感性。一种抗菌药如果以很小的剂量即可抑制、杀灭细菌，则表示细菌对这种抗菌药"敏感"（Susceptible）；反之，则"不敏感"（Insusceptible）或"耐药"（Resistant）。临床上按推荐剂量使用某种抗菌药后，机体血液或组织中一般能达到甚至超过抑制/杀灭致病菌的药物浓度，从而发挥抗感染作用。如果致病菌对该种抗菌药的敏感性下降，按推荐剂量用药将难以达到抑杀致病菌的药物浓度，则发挥不了抗感染作用。

敏感　　　　　　　　　　　　不敏感/耐药

（三十四）耐药菌的危害表现在哪些方面？

耐药菌最主要的危害在于其感染难以治疗，感染严重性的现象日益突出，对临床感染性疾病的精准诊断和精准治疗提出了更高的要求。导致常用抗菌药治疗无效，造成病死率提高，

四、兽药残留与动物源细菌耐药性控制

显著延长病程和治疗时间,大幅增加治疗成本,严重影响了治疗质量和动物生命安全。动物源耐药菌的产生与传播,不仅会影响动物疾病的有效防治,还会影响人体健康和公共卫生安全。动物源耐药菌可能通过接触活体动物及其排泄物传播或通过食源传播使人染病,危害人类健康。抗生素类兽药的大量使用,会使抗生素进入畜禽体内后以原型或者代谢物形式排入环境,造成环境污染。另外,一旦感染"超级细菌",动物或患者可能会出现严重的炎症反应,甚至引起死亡。

影响动物疾病防治　　造成环境污染　　影响人体健康

(三十五)动物源细菌耐药性产生的主要原因是什么?

过度或者不恰当使用抗菌药被认为是抗微生物药物耐药性出现和传播的主要因素。具体包括:

1. 疾病诊断有误,选药不合理,用药不对因。
2. 不按说明书用药,使用剂量不足,用药疗程不够。
3. 抗菌药联合应用失当。
4. 过度预防性用药。

5. 在饲料中随意添加抗菌药。
6. 药物质量不合格。

诊断有误　　　不按说明用药　　　抗菌药联合失当

过度预防性用药　　随意添加抗菌药　　质量不合格

（三十六）如何检测细菌耐药性？

可通过药敏试验检测细菌的耐药性。即根据临床分离菌株的最小抑菌浓度（MIC）、抗菌药体内过程和临床疗效情况，分别针对纸片法（抑菌圈直径）和稀释法（MIC值）设定结果判定标准，将试验结果与判定标准进行对照，即可评价测试细菌的耐药情况。

四、兽药残留与动物源细菌耐药性控制

细菌耐药性检测

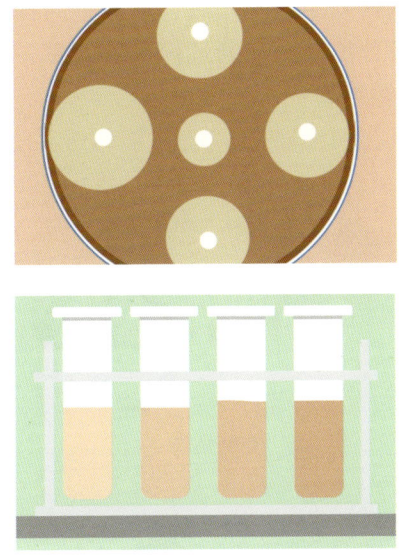

（三十七）如何减少细菌耐药性的发生？

1. 在使用抗生素进行治疗时应针对引起动物疾病的病原细菌选择合理的抗菌药物，针对动物的临床症状，结合具体情况制订合理的给药方案。

2. 在抗生素使用过程中，避免同一药物长时间使用，让细菌长时间接触某一抗生素而产生耐药性。注意轮换使用和交替使用不同种类的抗生素进行治疗，严格按照使用说明控制好使用时间。

3. 严格执行消毒隔离制度，注意人员、车辆消毒工作，注意患病动物与健康动物之间的隔离工作，防止耐药菌交叉感染，防止耐药基因重组产生更强的耐药细菌。

4.加强一线养殖人员用药安全的相关知识培训，要求兽医人员能准确诊断疾病并且了解如何安全科学用药，掌握不同种类、不同抗菌谱、不同疗程的各种抗菌药应通过何种方式单一使用或联合使用，避免兽药滥用错用。

合理的给药方案

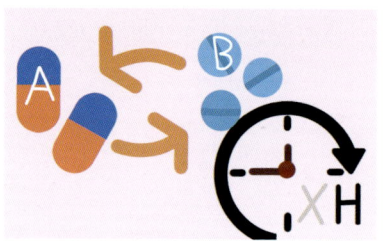

交替用药

严格执行消毒隔离制度

加强相关知识培训

（三十八）长期使用和滥用兽用抗菌药存在哪些危害？

1.细菌产生耐药性。

2.敏感菌得到控制的同时，不敏感菌大量繁殖，产生新的感染菌源，造成二重感染。

四、兽药残留与动物源细菌耐药性控制

3. 损伤动物脾、淋巴结、胸腺等免疫器官，诱使细菌抗原减少或消失，使动物机体免疫力下降，并干扰某些活疫苗的主动免疫过程。

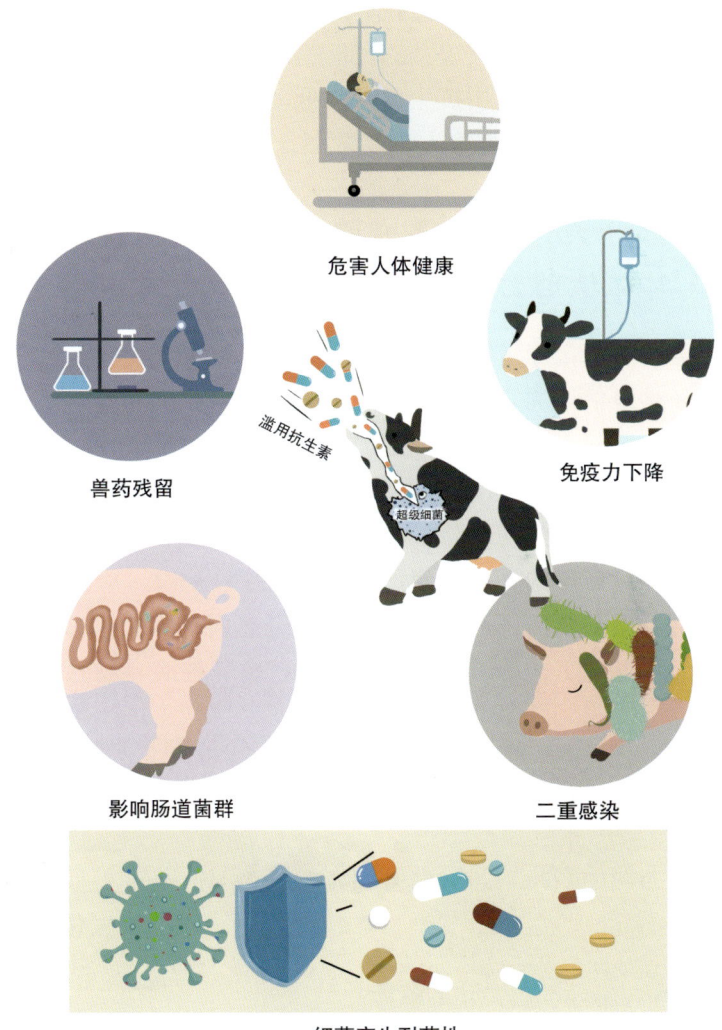

危害人体健康

兽药残留

免疫力下降

影响肠道菌群

二重感染

细菌产生耐药性

4. 引起动物肝肾损伤，功能异常、过敏性休克、阻碍神经肌肉冲动传导、泌尿系统损伤等毒副作用。

5. 由于抑制或杀灭了正常菌群，影响肠道的运动和对营养物质的吸收，还影响肠道内细菌合成维生素 K、B_1、B_2、B_6、B_{12}，烟酸，生物素等。

6. 长期大剂量使用抗生素会降低动物机体免疫力；造成动物产品中兽药残留，危害人体健康。

（三十九）畜禽养殖企业应当采取哪些措施减少对环境的影响？

畜禽规模化养殖业疫病风险较大，一旦发生疫病将给养殖者带来难以估计的直接和间接经济损失，而养殖场所的环保搞得好不好不仅关系到对环境的影响，还直接关系到疫病防控。所以，应积极建设标准化养殖场，淘汰不具备环保要求的简陋养殖场，降低疫病风险，从而减少药物使用频率、降低药残排放量和对环境的污染。使用抗生素治疗疫病时，应当科学合理，避免不必要的用药和过度用药。应当采取科学的饲养方式和废弃物处理工艺等有效措施，减少畜禽养殖废弃物的产生量

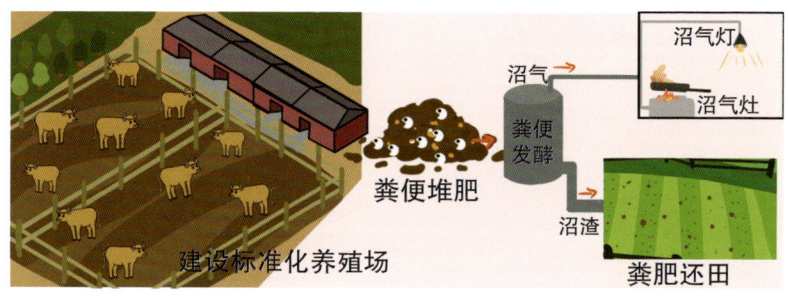

和向环境的排放量。例如，对肉鸡养殖中的垫料、粪便集中处理，通过堆积发酵产酸等方法促进抗生素降解；可以采取粪肥还田、制取沼气、制造有机肥等方法，对畜禽养殖废弃物进行综合利用。

（四十）国家控制兽药残留和动物源细菌耐药性采取的措施有哪些？

为安全使用兽用抗菌药，控制兽药残留和防控动物源细菌耐药性，农业农村部高度重视，采取了多项控制措施。

《兽药管理条例》对兽药使用进行规定：列出了禁止使用的药品和其他化合物；必须遵守饲料中添加兽药、动物休药期和兽药残留最高限量等相关要求。

2002年农业部公告第176号和第193号发布《禁止在饲料和动物饮用水中使用的药物品种目录》（5类40种）、《食品动物禁用的兽药及其他化合物清单》[21类（种）]；2010年农业部公告第1519号发布《禁止在饲料和动物饮水中使用的物质》（11种）。

2002年农业部公告第235号发布了《动物性食品中兽药最高残留限量》。

2005年农业部公告第560号发布了《兽药地方标准废止目录》。

2013年农业部公告第1997号、2016年农业部公告第2471号、2019年农业农村部公告第245号、2024年农业农村部公告第790号分别发布了《兽用处方药品种目录》（第一批、第二批、第三批、第四批）。

2015年6月农业部公告第2292号发布，禁止在食品动物中使用诺氟沙星、培氟沙星、洛美沙星、氧氟沙星4种抗菌药。

2015年7月农业部发布了《全国兽药（抗菌药）综合治理五年行动方案》（农质发〔2015〕6号），计划用五年时间开展系统、全面的兽用抗菌药滥用及非法兽药综合治理活动，以进一步加强兽用抗菌药（包括水产用抗菌药）的监管，提高兽用抗菌药科学规范使用水平。2016年7月起，农业部实施兽药产品电子追溯码（二维码）标识，我国生产、进口的所有兽药产品需赋"二维码"上市销售，实现全程追溯。

2016年7月农业部公告第2428号发布，停止硫酸黏菌素用于动物促生长。

2017年5月成立了"全国兽药残留与耐药性控制专家委员会"，为推进兽药残留控制、动物源细菌耐药性防控工作提供技术支撑。

2017年6月农业部发布了《全国遏制动物源细菌耐药行动计划（2017—2020年）》，进一步加强动物源细菌耐药性监测工作，促进养殖环节科学合理用药，保障动物源食品安全和公共卫生安全。

2018年1月农业部公告第2638号发布，停止在食品动物中使用喹乙醇、氨苯胂酸、洛克沙胂3种兽药。2018年4月农业农村部公布了《兽用抗菌药使用减量化行动试点工作方案（2018—2021年）》，全面实施启动全国兽用抗菌药使用减量化行动。

2019年1月农业农村部畜牧兽医局印发《养殖场兽用抗菌药使用减量化效果评价方法和标准（试行）》，指导试点养殖场做好兽用抗菌药使用减量化工作。

2019年7月农业农村部公告第194号发布《促生长类药物饲料添加剂退出计划》，停止生产、进口、经营、使用除中药外

四、兽药残留与动物源细菌耐药性控制

2024 《兽用处方药品种目录》（第四批）

2021 《全国兽用抗菌药使用减量化行动方案（2021—2025年）》

2019 《养殖场兽用抗菌药使用减量化效果评价方法和标准（试行）》
《促生长类药物饲料添加剂退出计划》

2018 农业部第2638号公告，停止在食品动物中使用喹乙醇、氨苯胂酸、洛克沙胂3种兽药。
《兽用抗菌药使用减量化行动试点工作方案（2018—2021年）》

2017 成立"全国兽药残留与耐药性控制专家委员会"
《全国遏制动物源细菌耐药行动计划（2017—2020年）》

2016 实施兽药产品电子追溯码（二维码）标识
农业部第2428号公告，停止硫酸黏菌素用于动物促生长

2015 农业部第2292号公告禁止在食品动物中使用诺氟沙星、培氟沙星、洛美沙星、氧氟沙星4种抗菌药。
《全国兽药（抗菌药）综合治理五年行动方案》

2005 《兽药地方标准废止目录》

2002 《禁止在饲料和动物饮用水中使用的药物品种目录》
《食品动物禁用的兽药及其他化合物清单》
《动物性食品中兽药最高残留限量》

农业农村部

的所有促生长类药物饲料添加剂。

2019年12月，农业农村部公告第250号发布了《食品动物中禁止使用的药品及其他化合物清单》[21类（种）]。

2021年10月，农业农村部发布了《全国兽用抗菌药使用减量化行动方案（2021—2025年）》，强化兽用抗菌药全链条监管、加强兽用抗菌药使用风险控制、支持兽用抗菌药替代产品应用、加强兽用抗菌药使用减量化宣传培训、构建兽用抗菌药使用减量化激励机制等5个方面12项重点任务。

五

兽用抗菌药使用减量化行动

（一）兽用抗菌药使用减量化行动实施背景是什么？

2013年，习近平总书记针对监管食品药品安全提出"四个最严"（最严谨的标准、最严格的监管、最严厉的处罚、最严肃的问责）要求。

2018年，习近平总书记在中央财经委员会第一次会议上指出，要减少兽用抗菌药物使用量。

2021年，习近平总书记在中共中央政治局第三十三次集体学习加强我国生物安全建设时，强调要织牢织密生物安全风险检测预警网络，健全监测预警体系，要快速感知识别微生物耐药性风险因素，做到早发现、早预警、早应对；要加强对抗微生物药物使用和残留的管理。

当前，兽用抗菌药市场秩序不够规范，饲料生产和养殖环节用药不尽合理，执行休药期规定不严、安全用药意识不强等问题突出，动物源细菌耐药率上升，治疗药物选择难度增大。动物源耐药菌可传播给人，耐药质粒也可以水平传播，养殖环节兽药残留超标风险形势十分严峻，疫病防控压力不断增大。

市场秩序不规范　　用药不合理　　休药期执行不严　　安全用药意识不强

五、兽用抗菌药使用减量化行动

(二) 现阶段兽用抗菌药使用减量化行动目标是什么?

以生猪、蛋鸡、肉鸡、肉鸭、奶牛、肉牛、肉羊等畜禽品种为重点,稳步推进兽用抗菌药使用减量化行动(以下简称"减抗"),切实提高畜禽养殖环节兽用抗菌药安全、规范、科学使用的能力和水平,确保"十四五"时期全国产出每吨动物产品兽用抗菌药的使用量保持下降趋势,肉蛋奶等畜禽产品的兽药残留监督抽检合格率稳定保持在98%以上,动物源细菌耐药趋势得到有效遏制。

兽药残留抽检达标

（三）实施"减抗"基本思路是什么？

减少促生长用途用药；

减少预防用药、经验性、盲目性用药；

减少治疗用抗生素的不规范使用；

加强综合管理，提高畜禽群体免疫力，防患于未然。

科学"替抗"——以酸化剂、酶制剂、微生态制剂、噬菌体制剂、中草药制剂等科学替代传统抗菌药物。

减抗是新理念、新方法、新措施的实践与探索，是各种经验的积累和综合应用。"减抗"不是"限抗"，更不是"禁抗"，抗菌药问题突出，但关键作用难以替代，不能"谈抗色变"。

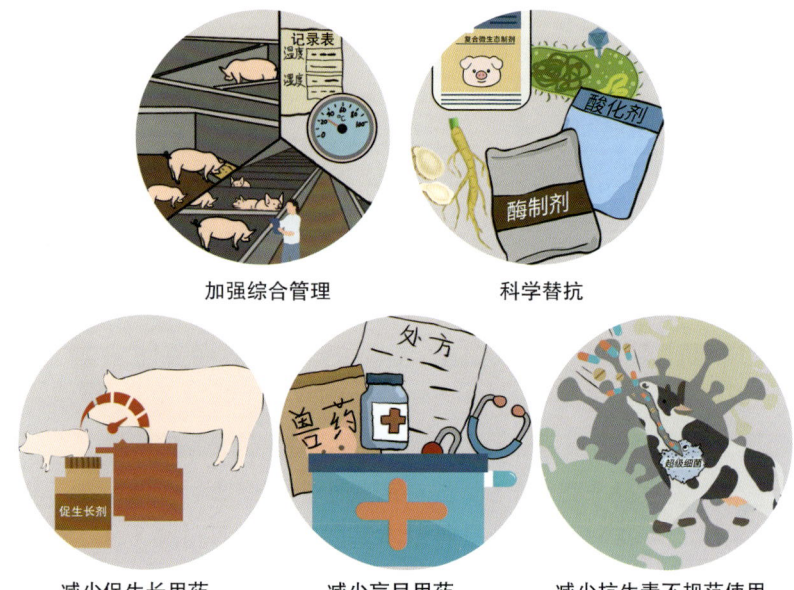

加强综合管理　　科学替抗

减少促生长用药　　减少盲目用药　　减少抗生素不规范使用

五、兽用抗菌药使用减量化行动

（四）养殖减抗应有哪些重要内容？

养殖减抗是农业农村部近年关于畜禽养殖的重点工作，近年来围绕"产好药、少用药、用好药"采取了一系列监管措施，以实现养殖业抗菌药"零增长"。主要措施：一是养殖场要规范合理使用兽用抗菌药，建立兽药使用管理制度，严格执行兽用处方药制度和休药期制度；二是科学审慎使用兽用抗菌药，建立科学合理的用药制度，尽量科学用药、少用药；三是加强动物疫病防控管理，提高健康养殖水平，减少兽用抗菌药使用量。

养殖减抗

（五）如何实现养殖减抗，具体从哪几方面减？

兽用抗菌药减量化行动，就是杜绝或减少在养殖环节滥用及不合理、不规范地使用兽用抗菌药，而并非简单限制或禁止使用兽用抗菌药。具体包括：一是杜绝盲目地预防性使用兽用抗菌药；二是逐步禁止兽用抗菌药的促生长用途；三是加强科学引导，严格依据临床指征和规定的剂量、疗程合理用药。

| 杜绝盲目预防性用药 | 逐步禁止促生长药 | 合理用药 |

（六）为什么要开展养殖减抗行动？

养殖减抗的主要措施包括：①严格引种；②保持优良的养殖场与畜舍环境；③严密的生物安全隔离与防范措施；④强化饲养管理；⑤做好免疫及免疫检测；⑥做好粪污及病死动物的无害化处理；⑦使用抗菌药替代品，如中药等。

严格引种

保持优良环境

生物安全隔离

强化饲养管理

免疫及检测

无害化处理

使用替代品

五、兽用抗菌药使用减量化行动

（七）减抗评价标准的基本精神是什么？

倡导健康养殖、生物安全、合理用药三大理念；狠抓管理制度、用药规范、用药记录三个落实；减少抗菌药的过度使用、盲目使用、不合理使用。

"减抗"行动重在用药理念的更新，科学、合理地使用抗菌药依然是防控动物疫病的有效手段。

"减抗"应是在保障养殖安全前提下的循序渐进的过程，应因地制宜，根据自身情况科学制订适宜的实施方案。

"减抗"将极大推进养殖业的绿色健康发展，利人利己，广大养殖场户应提高认识，积极地、自发地投入"减抗"行动中。

抗菌药不是万能的，但不可或缺，提倡减抗，但不要求无抗。鼓励合理、审慎、精准使用抗菌药：一是基于准确诊断的必要性；二是基于敏感性测试的精准性。盲目地、无指征地使用抗菌药，不仅造成资源浪费，而且会引发细菌耐药灾害。

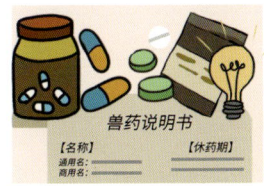
更新用药理念

科学制订方案

推动绿色发展

（八）如何正确认识无抗养殖？

无抗养殖是无抗生素养殖的简称，指养殖全过程中不用任何种类的抗生素。随着耐药性和药物残留问题日益突出，无抗养殖时代成为今后发展方向。受我国养殖水平和养殖管理方式的限制，真正实现无抗养殖还需要经历相当长的时间。目前，抗生素在养殖过程中仍具有重要作用，停用会导致动物疾病发病率上升，养殖效益下降。

无抗养殖——畜牧业发展的方向

（九）饲料禁抗有哪些重点内容？

"饲料禁抗"禁的是通过饲料添加、以促进动物生长为目的的抗菌药产品。作为针对发病动物、用于治疗动物疾病的抗菌药产品仍是允许使用的，不过必须由兽医进行临床诊断，按照规定开具处方。根据农业农村部194号公告和第307号公告《关于养殖者自行配制饲料的有关规定》要求，商品饲料不得添加任何一种抗菌药，仅允许养殖场凭兽医处方并按照兽药标签上载明的用法和用量，采取适当的给药途径用于动物。

五、兽用抗菌药使用减量化行动

禁止通过饲料添加抗菌药　　按处方用药

（十）衡量养殖减抗效果最直接的指标是什么？

衡量减抗效果最直接的指标是单位畜禽产品抗菌药的使用量（克/吨）。欧盟认为单位畜禽产品抗菌药的使用量应控制在50克/吨以下，我国通过减抗行动的实施，也应该逐步将抗菌药的使用量降低到相应的水平。

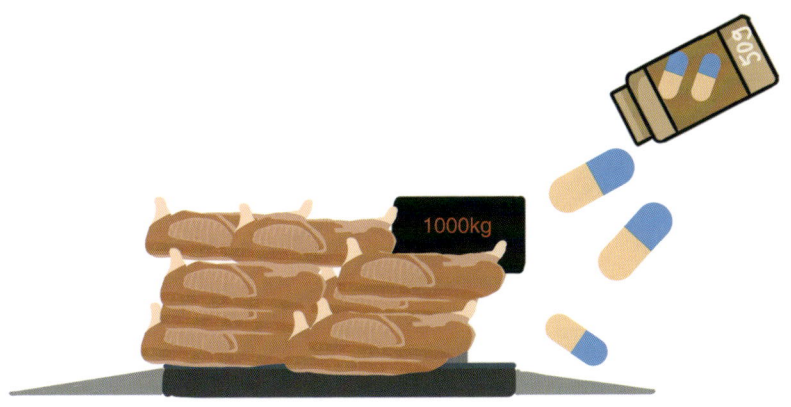

单位畜禽产品抗菌药的使用量（克/吨）

（十一）如何评价养殖减抗的效果？

1. 看养殖场基本条件，包括兽医及兽医技术服务、兽医诊疗条件、兽药储存条件和生物安全保障等。
2. 看养殖场基本制度，包括生物安全管理、兽药供应商评估、兽药出入库、诊断与用药、记录等制度。
3. 看各种记录的完整性和真实性。
4. 看减抗的效果，包括兽用抗菌药使用水平、减少的幅度及开展减抗行动的情况。

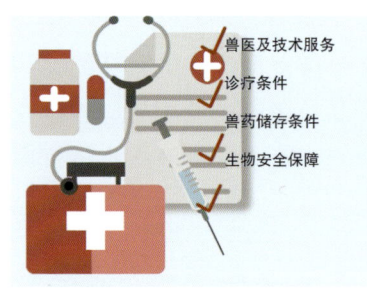

养殖场基本条件

养殖场基本制度

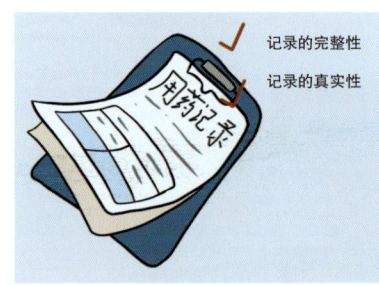

用药记录

减抗效果

五、兽用抗菌药使用减量化行动

（十二）兽用抗菌药使用减量化指导原则有哪些？

养殖场（户）应根据畜禽养殖环节动物疫病发生流行特点和预防、诊断、治疗的实际需要，树立健康养殖、预防为主、综合治理的理念，从"养、防、规、慎、替"五个方面，建立完善的管理制度、采取有效管控措施、狠抓落实落地，提高饲养管理和生物安全防护水平，推动实现本场（户）养殖减抗目标。

一是"**养**"，即精准把好养殖管理"三个关口"。把好饲养模式关，明确不同畜禽品种的饲养方式，精细管理饲养环境条件；把好种源关，有条件的应选取优良品种和品牌厂家的畜禽，要按批次严格检查检测苗种健康状况，防止携带垂直传播的病原微生物；把好营养关，根据畜禽不同阶段的营养需求，制定科学合理的饲料配方，保证营养充足均衡，实现提高畜禽个体抵抗力和群体健康水平的目的。

二是"**防**"，即全面防范动物疫病发生传播风险。落实动物防疫主体责任，牢固树立生物安全理念，着力改善养殖场所物理隔离、消毒设施等动物防疫条件，严格执行生物安全防护制度和措施，按计划积极实施疫病免疫和消杀灭源，从源头减少病毒性、细菌性等动物疫病影响。

三是"**规**"，即严格规范使用兽用抗菌药。严格执行兽药安全使用各项规定，严禁使用禁止使用的药品和其他化合物、停用兽药、人用药品、假劣兽药；严格执行兽用处方药、休药期等制度，按照兽药标签说明书标注事项，对症治疗、用法正确、用量准确，实现"用好药"。

四是"**慎**"，即科学审慎使用兽用抗菌药。高度重视细菌耐药问题，清楚掌握兽用抗菌药类别，坚持审慎用药、分级分类用药原则，根据执业兽医治疗意见、药敏试验检测结果等，精准选择敏感性强、效果好的兽用抗菌药产品；谨慎联合使用抗菌药，能用一种抗菌药治疗绝不同时使用多种抗菌药；分类分级选择用药品种，能用一般级别抗菌药治疗绝不使用更高级别抗菌药，能用窄谱抗菌药就不用广谱抗菌药；增加动物个体精准治疗用药，减少动物群体预防治疗用药，实现"少用药"。

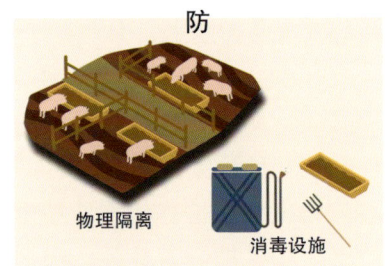

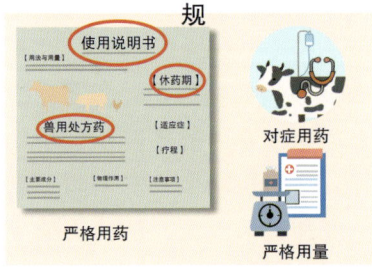

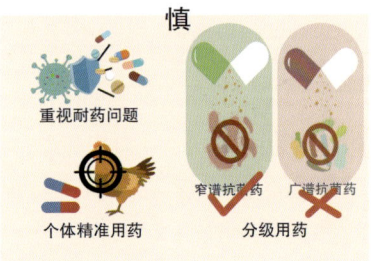

五、兽用抗菌药使用减量化行动

五是"**替**",即积极应用兽用抗菌药替代产品。以高效、休药期短、低残留的兽药品种,逐步替代低效、休药期长、易残留的兽药品种。根据养殖管理和防疫实际,推广应用兽用中药、微生态制剂等无残留的绿色兽药,替代部分兽用抗菌药品种,并逐步提高使用比例,实现畜禽产品生态绿色。

六

禁止在畜禽养殖中使用的抗菌药

（一）我国全面禁止使用的抗菌药有哪些？

禁止在食品动物中使用诺氟沙星、培氟沙星、洛美沙星、氧氟沙星、氨苯胂酸、洛克沙胂等抗菌药。

禁止使用氯霉素、硝基呋喃类。

诺氟沙星　　　　　　　　培氟沙星

洛美沙星　　　　　　　　氧氟沙星

氨苯胂酸　　　　　　　　洛克沙胂

氯霉素　　　　　　　　　硝基呋喃类

六、禁止在畜禽养殖中使用的抗菌药

（二）禁止使用的促生长抗菌药有哪些？

禁止硫酸黏菌素用于动物促生长。
禁止硝基咪唑类用于动物促生长。

硫酸黏菌素　硝基咪唑类

（三）禁用的抗菌药有什么害处？

1. 诺氟沙星、洛美沙星这类抗生素兽药是通过作用于DNA，抑制DNA的复制和合成来发挥杀菌效果的，会导致细菌基因突变，如果人类长期食用这些动物产品，可能会使人发生肝肾功能损伤、幼儿软骨发育不良、白血病风险增大及基因突变等问题。

2. 非泼罗尼、洛克沙胂、氨苯胂酸这些抗生素兽药有致癌的副作用。

3. 长期使用喹乙醇会导致动物和人躯体变畸形，甚至患癌症。

4. 长期使用抗生素，会使部分病菌产生耐药性，加大后续治疗难度。

5. 部分抗生素通过改变DNA发挥杀菌效果，有可能会引起病菌突变，产生新型的危害更大的病菌。

6. 长期使用会损伤神经系统、血液系统，并且部分人对某些抗生素类药物过敏，容易造成呼吸困难、过敏性休克。

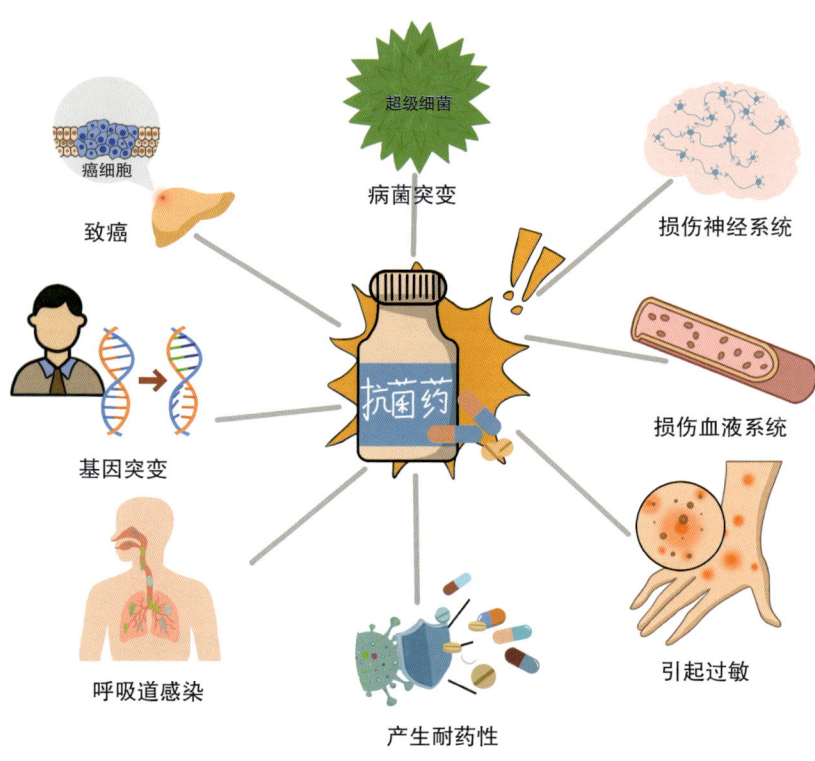

附 录

全国兽用抗菌药使用减量化行动方案
（2021—2025 年）

根据《中华人民共和国生物安全法》《中华人民共和国乡村振兴促进法》《兽药管理条例》规定，以及《国务院办公厅关于促进畜牧业高质量发展的意见》《食用农产品"治违禁 控药残 促提升"三年行动方案》等文件要求，在全国兽用抗菌药使用减量化行动试点工作基础上，制定本行动方案。

一、行动目标

以生猪、蛋鸡、肉鸡、肉鸭、奶牛、肉牛、肉羊等畜禽品种为重点，稳步推进兽用抗菌药使用减量化行动（以下简称"减抗"）行动，切实提高畜禽养殖环节兽用抗菌药安全、规范、科学使用的能力和水平，确保"十四五"时期全国产出每吨动物产品兽用抗菌药的使用量保持下降趋势，肉蛋奶等畜禽产品的兽药残留监督抽检合格率稳定保持在 98% 以上，动物源细菌耐药趋势得到有效遏制。

到 2025 年末，50% 以上的规模养殖场实施养殖减抗行动，建立完善并严格执行兽药安全使用管理制度，做到规范科学用药，全面落实兽用处方药制度、兽药休药期制度和"兽药规范使用"承诺制度。

二、行动任务

（一）强化兽用抗菌药全链条监管

1.加强兽用抗菌药生产经营监管。严格实施《兽药生产质量管理规范（2020 年修订）》，严禁兽药生产经营企业制售促生长类抗菌药物饲料添加剂。加大兽用抗菌药质量监督抽检力度，实施"检打联动"，严查隐性添加禁用成分或其他成分。严格落

附　录

实兽药二维码追溯制度，确保兽药产品全部赋码上市，兽药生产经营企业产品入库、出库追溯数据全部准确上传至国家兽药产品追溯系统。加强原料药管理，防止非法流入养殖环节。强化兽药网络销售平台监督，会同工业和信息化部门严厉打击通过互联网违法销售假劣兽药行为。

2. 加强兽用抗菌药使用监管。加强饲料生产经营企业监管，完善饲料中非法添加兽药成分检测方法标准，组织开展非法添加药物及违禁物质专项监测，严肃查处违法违规行为。加强养殖场（户）用药监管，除允许在商品饲料中使用的抗球虫类和中药类药物以外，严禁在自配料中添加其他任何兽药。压实养殖场（户）规范用药主体责任，督促指导养殖场（户）建立完善兽药采购、存储、使用等管理制度，严格执行兽药使用记录制度、兽用处方药制度、兽药休药期制度等安全使用规定，准确真实记录兽药使用情况，严禁超范围、超剂量用药。创新兽药使用管理制度，建立实施养殖场（户）"兽药规范使用"承诺制，将其作为自主开具食用农产品达标合格证的重要依据。在养殖场（户）出售畜禽及其产品时，有关部门要按照动物产地检疫规程等规定，对用药记录等养殖档案进行查验核对。加大惩戒力度，对违规用药行为依法从重处罚，涉嫌犯罪的，移交公安部门立案查处。

（二）加强兽用抗菌药使用风险控制

3. 监测兽用抗菌药使用量。充分利用国家兽药产品追溯系统，监测分析兽用抗菌药应用种类、数量、流向等情况，分析变化趋势，及时提出针对性预防措施。

4. 实施畜禽产品兽药残留监控。结合辖区内生产实际，制定实施年度畜禽产品兽药残留监控计划，加大检测力度，及时掌握风险因子，控制残留风险。

5. 开展动物源细菌耐药性监测。建立完善动物源细菌耐药性监测实验室，健全动物源细菌耐药性监测体系。制定实施年度动物源细菌耐药性监测计划，组织开展耐药性监测，提升耐药性风险管控能力。

（三）支持兽用抗菌药替代产品应用

6. 促进兽用中药产业健康发展。创新完善兽用中药准入政策，建立符合兽用中药特点和产业发展实际的注册制度。支持对疗效确切的传统兽用中药进行"二次开发"，简化源自经典名方的复方制剂注册审批。将兽用中药生产企业纳入农业产业化龙头企业支持范围，享受农产品加工相关支持政策。

7. 遴选推广替代产品。组织相关教学科研单位、减抗达标养殖场（户）等，开展安全高效低残留兽用抗菌药替代产品筛选评价工作，引导养殖场（户）正确选用替代产品。支持绿色养殖技术推广和产品研发，鼓励各地统筹基层动物防疫补助经费等相关项目资金，对推广使用兽用中药等替代产品力度大、成效好的养殖场（户）给予奖励。

（四）加强兽用抗菌药使用减量化技术指导服务

8. 强化从业人员宣传教育。强化养殖主体、畜牧兽医技术服务人员的培训教育，将兽用抗菌药减量使用相关技术规范纳入高素质农民培育项目课程体系，并作为乡村兽医、基层动物防疫队伍培训的重要内容。充分利用各种媒体，科普宣传规范用药知识、轮换用药原则、精准用药方法等，提高从业人员规范用药意识和水平。

9. 开展技术服务。实施"科学使用兽用抗菌药"公益接力行动，发挥中国兽药协会、中国畜牧业协会以及地方相关行业组织的作用，组织引导兽药生产经营企业和养殖龙头企业，以公司带农户方式，邀请专家进村入户进行现场技术指导，逐场逐户推广普及科学用药知识和技术,力争"十四五"末实现对规模养殖场技术指导服务全覆盖。

(五)构建兽用抗菌药使用减量化激励机制

10. 开展养殖场(户)减抗成效评价。各地在我部减抗试点评价标准基础上,建立健全本地养殖减抗评价指标体系,组织开展减抗成效评价工作,发布达标养殖场(户)名单,并作为创建国家级畜禽标准化示范场的重要参考。允许省级以上评价达标的减抗养殖场(户)使用我部确定的"兽用抗菌药使用减量化达标场"标识(另行发布)。

11. 推广养殖减抗典型模式。及时总结提炼不同畜禽品种养殖减抗经验做法,遴选一批养殖场(户)减抗典型案例,以多种方式宣传推介,充分发挥示范引领作用。

12. 开展养殖减抗先进县评选。鼓励有条件的地方按照本方案要求,整县、整乡(镇)开展减抗工作,并对推进工作较好、完成质量较高的地方或养殖场,给予适当奖励。农业农村部将对工作开展有力、养殖减抗效果突出的县(市、区)给予通报表扬,并在媒体公布宣传。将兽用抗菌药使用减量工作情况纳入国务院食品安全工作评议考核,并作为国家农产品质量安全县创建的重要指标。

三、实施要求

(一)工作部署。2021年11月开始在全国范围启动实施。各省份结合本地实际,制定本辖区减抗行动实施方案,做到分级分类、由易到难、有序安排,并于2021年底前将实施方案报我部畜牧兽医局。各县(市、区)制定具体工作方案,以规模养殖场为单元建立台账,明确具体责任人、联络人。

(二)组织实施。各省份要按照本辖区减抗行动实施方案有序推进减抗工作,建立工作情况调度制度,加强督促检查,发现问题，及时推动解决，并于每年 11 月底前将畜禽养殖减抗工作实施进展情况报我部畜牧兽医局。

（三）抓好落实。根据本辖区养殖实际情况，参照《兽用抗菌药使用减量化指导原则》（附件），指导推动养殖场（户）实施养殖减抗，明确减抗目标任务。各地也可根据实际情况，组织实施标准更高、内容更加丰富的行动措施，推动实现全域减抗目标。坚持问题导向，集中力量有重点组织开展促生长类抗菌药物饲料添加剂退出、兽药二维码追溯等系列整治活动，推动解决突出问题，严厉打击相关违法违规行为，形成有力震慑。

四、保障措施

（一）强化组织领导。各地要高度重视，切实加强组织领导，把开展减抗行动摆在重要位置，成立减抗行动实施领导小组，加强组织协调、技术指导，并集合资源、集成技术、集聚力量，统筹推进各项政策措施落实落地。

（二）强化政策支持。我部将按照《全国动植物保护能力提升工程建设规划（2017—2025 年）》积极支持兽药残留、动物源细菌耐药性监测相关项目建设。各地要积极争取发展改革、财政、科技等部门支持，加大对减抗行动相关重点任务的支持力度，确保各项措施落地见效。有条件的地方，推动建立实施兽用中药等兽用抗菌药替代产品补贴制度。在涉农项目申请等方面，对减抗达标养殖场（户）给予政策倾斜。

（三）强化技术支撑。充分发挥全国兽药残留与耐药性控制专家委员会和有关教学科研单位的技术优势，为畜禽养殖减抗行动提供专业指导，承担兽用抗菌药耐药性风险评估任务，提供风险管理和政策建议。加强抗菌药物替代研发、细菌耐药机制研究、耐药检测方法与标准研究等工作。支持各地成立兽用抗菌药使用减量化专家指导组，重点开展技术咨询、现场指导、监测跟踪、评估论证等工作。

附件：兽用抗菌药使用减量化指导原则

附件
兽用抗菌药使用减量化指导原则

养殖场（户）应根据畜禽养殖环节动物疫病发生流行特点和预防、诊断、治疗的实际需要，树立健康养殖、预防为主、综合治理的理念，从"养、防、规、慎、替"五个方面，建立完善管理制度、采取有效管控措施、狠抓落实落地，提高饲养管理和生物安全防护水平，推动实现本场（户）养殖减抗目标。

一是"**养**"，即精准把好养殖管理"三个关口"。把好饲养模式关，明确不同畜禽品种的饲养方式，精细管理饲养环境条件；把好种源关，有条件的应选取优良品种和品牌厂家的畜禽，要按批次严格检查检测苗种健康状况，防止携带垂直传播的病原微生物；把好营养关，根据畜禽不同阶段的营养需求，制定科学合理的饲料配方，保证营养充足均衡，实现提高畜禽个体抵抗力和群体健康水平的目的。

二是"**防**"，即全面防范动物疫病发生传播风险。落实动物防疫主体责任，牢固树立生物安全理念，着力改善养殖场所物理隔离、消毒设施等动物防疫条件，严格执行生物安全防护制度和措施，按计划积极实施疫病免疫和消杀灭源，从源头减少病毒性、细菌性等动物疫病影响。

三是"**规**"，即严格规范使用兽用抗菌药。严格执行兽药安全使用各项规定，严禁使用禁止使用的药品和其他化合物、停用兽药、人用药品、假劣兽药；严格执行兽用处方药、休药期等制度，按照兽药标签说明书标注事项，对症治疗、用法正确、用量准确，实现"用好药"。

四是"**慎**"，即科学审慎使用兽用抗菌药。高度重视细菌耐药问题，清楚掌握兽用抗菌药类别，坚持审慎用药、分级分类用药原则，根据执业兽医治疗意见、药敏试验检测结果等，精准选择敏感性强、效果好的兽用抗菌药产品；谨慎联合使用抗菌药，能用一种抗菌药治疗绝不同时使用多种抗菌药；分类分级选择用药品种，能用一般级别抗菌药治疗绝不使用更高级别抗菌药，能用窄谱抗菌药就不用广谱抗菌药；增加动物个体精准治疗用药，减少动物群体预防治疗用药，实现"少用药"。

五是"**替**"，即积极应用兽用抗菌药替代产品。以高效、休药期短、低残留的兽药品种，逐步替代低效、休药期长、易残留的兽药品种。根据养殖管理和防疫实际，推广应用兽用中药、微生态制剂等无残留的绿色兽药，替代部分兽用抗菌药品种，并逐步提高使用比例，实现畜禽产品生态绿色。